Liebe Eltern!

Diese Mathematik-Lernhilfe soll eine **Vertiefung, Ergänzung und Hilfe** zu den in der Schule behandelten Lerninhalten sein. Ihr Kind kann **allein** und **selbstständig** mit dem Heft lernen. Die Übungsaufgaben sind nach steigendem **Schwierigkeitsgrad** geordnet und farblich gekennzeichnet: **leicht** – **mittel** – **schwierig**. Zusätzlich finden Sie im Anschluss an jedes Kapitel und ganz am Ende **lila** gekennzeichnete **Prüfungsaufgaben**.

In der **Mitte** des Heftes befindet sich der **herausnehmbare Lösungsteil** mit **vollständigen Lösungswegen** und **ausführlichen Erklärungen**. Die **Zwischenergebnisse** sind **grün** und die **Endergebnisse rot** gekennzeichnet.

Sie können auch in **umgekehrter** Reihenfolge vorgehen. Bevor Sie Ihrem Kind das Heft zum Lernen geben, lassen Sie es **zuerst** die **Prüfungsaufgaben bearbeiten**. Dadurch können Sie feststellen, was Ihr Kind **schon kann** und was **(welche Kapitel)** überhaupt zu **üben** ist.

Hallo, liebe Schülerin, hallo, lieber Schüler!

Besonders wichtig für deinen **Lernerfolg** ist es, dass du **ehrlich** arbeitest. **Schau** die **Lösungen** in der Mitte des Heftes erst an, wenn du entweder sicher bist, dass dein Ergebnis stimmt, oder wenn du dir schon viel Mühe gegeben hast und wirklich **nicht mehr weiterweißt**. Arbeite nicht länger als 35 bis 40 Minuten pro Tag. Lege dabei eine Pause von mindestens 5 bis 10 Minuten ein. Bleib mutig und ehrgeizig, auch wenn es mal schwierig ist.

Nun viel Spaß und Erfolg!

Adolf Hauschka

1. Kapitel: Jetzt geht's los!

Leichte Aufgaben

In diesem Übungsheft findest du verschiedene Textaufgaben zur **Flächenberechnung** und **Umfangsberechnung**. Da die Aufgaben gemischt vorkommen, musst du genau überlegen, was du ausrechnen sollst, Fläche oder Umfang. Damit du die Aufgaben besser verstehst, fertige möglichst immer eine **Skizze** an.

Flächeninhalt von Rechteck und Quadrat

Der Flächeninhalt eines Rechtecks steht für die Größe der Fläche, die das Rechteck umschließt. Diesen Flächeninhalt berechnest du, indem du die **Seitenlängen a und b** des Rechtecks **multiplizierst**.

Flächeninhalt $\mathbf{A_R}$ eines **Rechtecks**:

$A_R = a \cdot b$

Flächeninhalt $\mathbf{A_Q}$ eines **Quadrats (= besonderes Rechteck)**:

$A_Q = a \cdot a$

oder:

$A_Q = a^2$

1 Herr Hofmann verkauft sein rechteckiges Grundstück, das 42 m lang und 30 m breit ist. Für 1 m^2 bekommt er 240 €.

▸ Wie viel kostet das Grundstück?

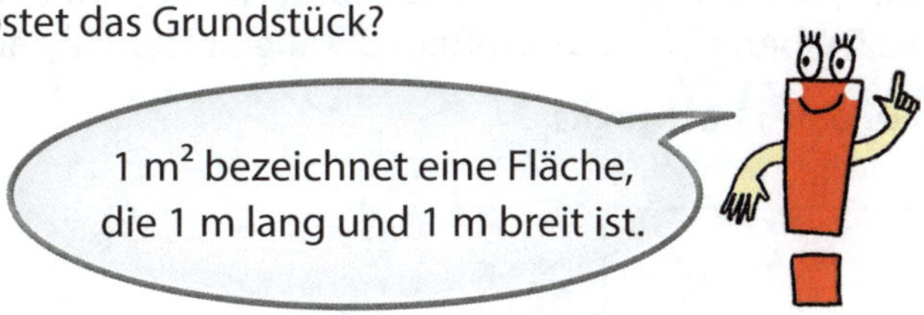

2 Alexander hat beim Fußballspiel ein großes Fenster eingeschossen. Die Fensterscheibe ist 1,50 m lang und 1,20 m hoch.

▸ Wie viel müssen seine Eltern für eine neue Scheibe bezahlen, wenn der Glaser für 1 m^2 32 € berechnet?

3 Ein rechteckiges Zimmer hat eine Bodenfläche von 24 m^2. Es ist 4 m breit.

▸ Berechne die Länge des Zimmers.

4 Landwirt Rübsam will seine quadratische Weide mit der Seitenlänge von 84 m düngen.

▸ Für wie viele m^2 muss er Dünger kaufen?

5 Ein quadratischer Sandkasten hat eine Fläche von 25 m^2.

▸ Berechne die Seitenlänge des Sandkastens.

Umfang

Der Umfang eines Rechtecks oder Quadrats entspricht der gesamten Randlinie. Du berechnest ihn, indem du **alle Seitenlängen addierst**.

Umfang $\mathbf{u_R}$ eines **Rechtecks**:

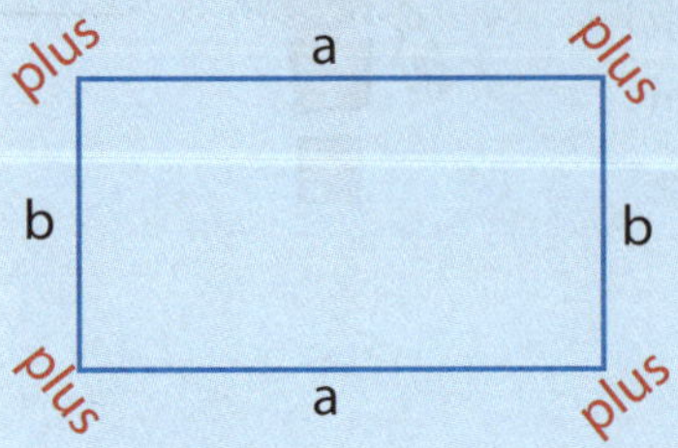

$u_R = a + b + a + b$

oder:

$u_R = 2 \cdot a + 2 \cdot b$

Umfang $\mathbf{u_Q}$ eines **Quadrats**:

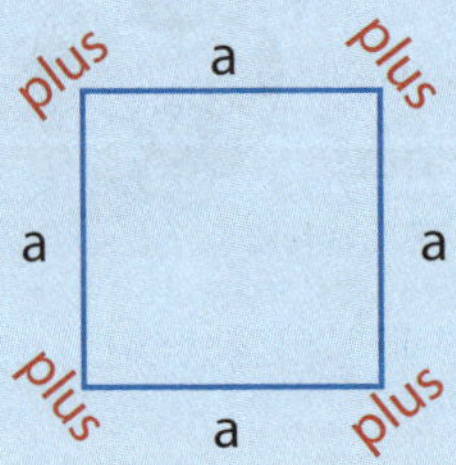

$u_Q = a + a + a + a$

oder:

$u_Q = 4 \cdot a$

6 Ein Foto, das 70 cm lang und 80 cm breit ist, soll eingerahmt werden.

▸ Wie viele cm Rahmenleiste müssen gekauft werden?

Hinweis: Eine Zugabe für die Ecken muss **nicht** berechnet werden.

7 Laurin näht ein Samtband um zwei gleich große, quadratische Sofakissen, die eine Seitenlänge von 50 cm haben.

▸ Wie teuer ist die Umrandung, wenn 1 m Samtband 90 Cent kostet?

8 Annas Zimmer ist 4 m 60 cm lang und 3 m 80 cm breit, die Tür ist 80 cm breit. Das Zimmer bekommt einen neuen Teppichboden, der an den Rändern zur Wand mit Fußleisten befestigt wird.

▸ Wie viele m Fußleisten muss der Vater kaufen?

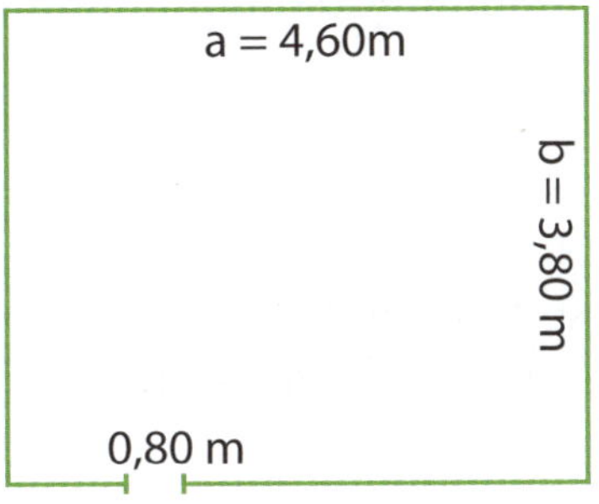

9 Ein rechteckiger Garten hat einen Umfang von 160 m. Die Breite beträgt 35 m.

▸ Wie lang ist der Garten?

10 Ein quadratischer Spielplatz, der eine Seitenlänge von 36 m hat, wird mit einer Hecke umpflanzt. Für den Eingang bleiben 2 m frei. Die Bepflanzung kostet je laufender Meter (jeder Meter Hecke) 30 €.

▸ Berechne die Kosten für die Hecke.

11 Ein Schachbrett wird mit einer Leiste eingefasst.
Jedes der 64 Felder ist 5 cm lang und breit.

▸ Wie lang ist die Leiste insgesamt, wenn für jede Ecke 1 cm Leiste zusätzlich berechnet werden muss?

12 Der Elektrozaun einer quadratischen Wiese kostete 1200 €.

▸ Wie groß ist die Seitenlänge der Wiese, wenn ein laufender Meter Zaun 5 € gekostet hat?

13 Herr Huber möchte seine rechteckige Wiese einzäunen. Er läuft die Länge mit 70 Schritten, die Breite mit 45 Schritten ab. Für einen Schritt nimmt er 80 cm an.

▸ Wie viele m Zaun braucht er für die ganze Wiese?

14 Der Elektrozaun um eine 70 m lange, rechteckige Viehweide kostete 1 840 €.

▸ Wie breit ist die Viehweide, wenn ein laufender Meter Zaun 8 € gekostet hat?

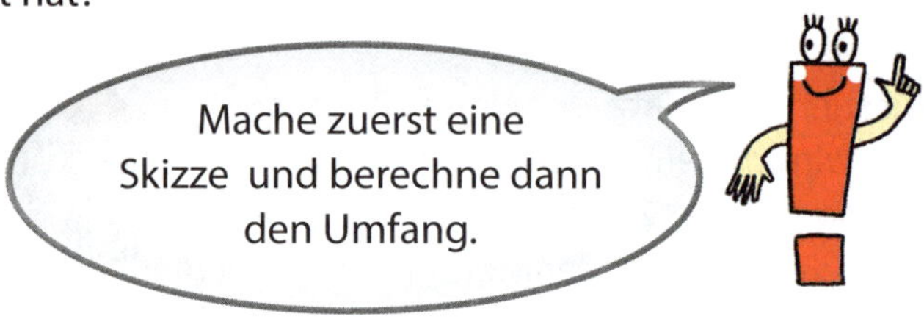

15 Ein quadratisches Grundstück hat einen Umfang von 120 m.

- Wie groß ist die Fläche?

16 Ein rechteckiger Reitplatz, der eine Fläche von 1125 m^2 hat, ist 45 m lang. Um den Reitplatz soll ein Zaun gezogen werden.

- Wie viele m Zaun braucht man?

17 Familie Glück lässt im Haus fünf rechteckige Fenster neu verglasen. Jedes Fenster ist 1,80 m lang und 1,50 m breit. Ein m^2 Glas kostet 38 €.

- Wie teuer ist die Verglasung?
- Wie viele m Isolierband braucht man zum Abdichten der Ränder?

18 Zwei Spiegel haben den gleichen Umfang. Der eine ist quadratisch und hat eine Seitenlänge von 4 dm. Der andere ist rechteckig und ist 5 dm lang und 3 dm breit.

- Prüfe nach, ob sie auch den gleichen Flächeninhalt haben.

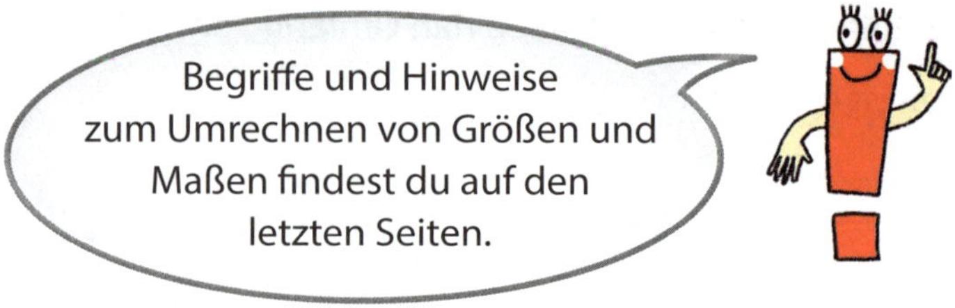

19 Trage die Zahlen, von hinten beginnend, in die Stellenwerttafel ein.
Wandle sie nun in die **nächstgrößere** Einheit um. Sieh dir das Beispiel an.

	km^2	ha	a	m^2	dm^2	cm^2	mm^2	
2400 m^2			2 4	0 0				= 24 a
5000 a								=
800 cm^2								=
5300 dm^2								=
8500 ha								=
200 mm^2								=

20 Ein Landwirt will auf seinem rechteckigen Acker, der 75 m lang und 60 m breit ist, Kartoffeln anbauen. Für 1 a braucht er 24 kg Saatkartoffeln.

▸ Wie viele kg Saatkartoffeln braucht er insgesamt?

21 Rechne in die vorgegebene Flächeneinheit um.

3,00 dm^2 = ______ cm^2 412 cm^2 = ______ dm^2

248 cm^2 = ______ dm^2 3,50 dm^2 = ______ cm^2

0,0530 m^2 = ______ cm^2 8,00 m^2 = ______ dm^2

4175 mm^2 = ______ dm^2 3,1500 m^2 = ______ cm^2

22 Am Rande einer Stadt wird eine Fläche von 280 m Länge und 150 m Breite für den Bau einer Wohnsiedlung verwendet. $\frac{1}{5}$ der Fläche muss für Straßen abgerechnet werden.

- Wie viele m^2 Siedlungsfläche bleiben übrig?

23 Ein quadratischer Acker, der eine Seitenlänge von 95 m hat, wird biologisch gedüngt. Für 1 a braucht man 4 kg Biodünger.

- Wie viele kg Biodünger werden für diesen Acker gebraucht?

Prüfungsaufgaben

24 Ein Fußballfeld ist 105 m lang und 70 m breit.

- Berechne den Flächeninhalt des Feldes.
- Berechne die gesamte Länge der Außenlinie.

Außenlinie

25 Ein quadratisches Grundstück hat eine Fläche von 1600 m^2.

▸ Berechne die Seitenlänge des Grundstücks.

26 Ein quadratischer Spielplatz, der eine Seitenlänge von 37 m hat, wird mit einer Hecke umpflanzt. Für einen Eingang bleiben 1,50 m frei. Die Bepflanzung kostet je laufender Meter 20 €.

▸ Berechne die Kosten.

27 Um eine Tischdecke, die 140 cm breit ist, wurde ein 640 cm langer Saum genäht.

▸ Welche Länge hat die Tischdecke?

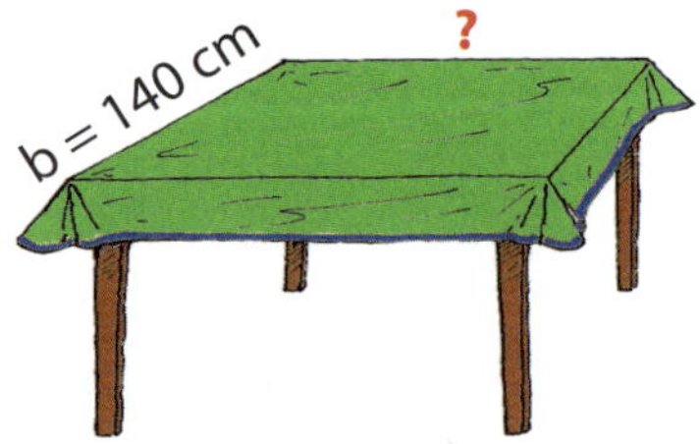

28 Ein rechteckiges und ein quadratisches Grundstück haben den gleichen Umfang. Das rechteckige Grundstück ist 23 m breit, das quadratische Grundstück hat eine Seitenlänge von 26 m.

▸ Wie lang ist das rechteckige Grundstück?

Wenn du **keine** oder **eine** Prüfungsaufgabe **falsch** hast, dann hast du **gut** gerechnet. Wenn du **zwei** oder **mehr** Aufgaben **falsch** hast, dann **wiederhole** dieses Kapitel ab Aufgabe 1.

2. Kapitel: Wer noch fit ist, macht weiter!

Etwas schwierigere Aufgaben

29 Herr Meier hat in der Nähe des Dorfes eine 1,4 ha große Wiese. Da die Schule keinen Sportplatz hat, verkauft er der Gemeinde ein rechteckiges Stück von dieser Wiese, das 110 m lang und 85 m breit ist.

▶ Wie viele m^2 Wiese bleiben Herrn Meier noch übrig?

30 Das Grundstück einer Gärtnerei, das 32 m lang und 24 m breit ist, soll mit Bäumchen bepflanzt werden.

▶ Wie viele Bäumchen können gesetzt werden, wenn man für ein Bäumchen eine Fläche von 8 m^2 benötigt?

31 Um eine rechteckige Wiese, die einen Flächeninhalt von 3250 m^2 hat und 50 m breit ist, wird ein Zaun gezogen.

▶ Wie viele m Zaun braucht man?

Flächeninhalt = Länge · Breite

Länge = Flächeninhalt : Breite

Breite = Flächeninhalt : Länge

32 Um einen rechteckigen Garten, der 24 m lang und 18 m breit ist, wird ein Drahtzaun gezogen.

▸ Berechne die gesamten Kosten, wenn 1 m Zaun 20 € kostet, wenn 28 Pfosten (Pfähle) zu je 15 € gebraucht werden und das 3 m breite Tor 450 € kostet.

33 Familie Weiß lässt ihren Hauseingang, der 3,60 m lang und 1,50 m breit ist, neu fliesen. Sie nehmen dazu quadratische Fliesen, deren Seitenlänge 30 cm ist.

▸ Wie viele Fliesen brauchen sie? Die Skizze hilft dir.

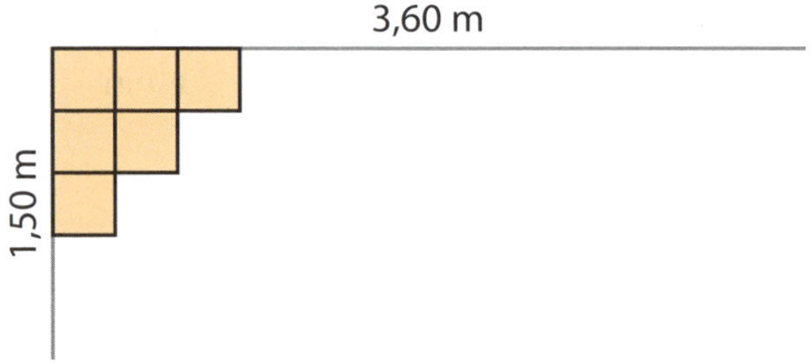

34 Eine Straße soll geteert werden. Sie ist 2,4 km lang und 8 m breit. 1 m² Belag kostet 45 €.

▸ Wie teuer ist das Teeren der Straße?

35 Frau Seidel lässt ihren Flur, der 2,75 m lang und 1,25 m breit ist, fliesen. Der Fliesenleger verwendet dazu quadratische Fliesen, die eine Seitenlänge von 25 cm haben.

▸ Berechne die Anzahl der Fliesen.

36 Die gesamte Einzäunung mit Tor und Türchen für ein quadratisches Grundstück kostet 5000 €.
Das Gartentürchen ist 1 m breit und kostet 150 €.
Das Gartentor (Einfahrt) ist 3 m breit und kostet 410 €.

▸ Wie groß ist die Seite des Grundstücks, wenn ein laufender Meter Zaun 30 € kostet?

37 Eine quadratische Terrasse, die eine Seitenlänge von 2,60 m hat, soll mit quadratischen Fliesen belegt werden. Die Fliesen haben eine Seitenlänge von 20 cm.

▸ Wie viele Fliesen werden gebraucht?

38 Julia läuft mit Ihrem Hund Wuffi **einmal** um eine quadratische Wiese mit 195 m Seitenlänge und anschließend noch **zweimal** um ein rechteckiges Fußballfeld, das 115 m lang und 80 m breit ist.

▸ Wie weit sind Julia und Wuffi gelaufen?

▸ Rechne in Kilometer um.

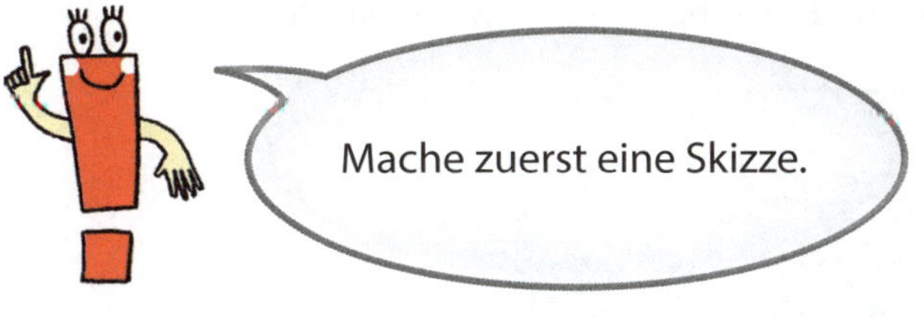

39 Wie viele 16 dm^2 große Steinplatten benötigt man, um eine 20 a große Fußgängerzone auszulegen?

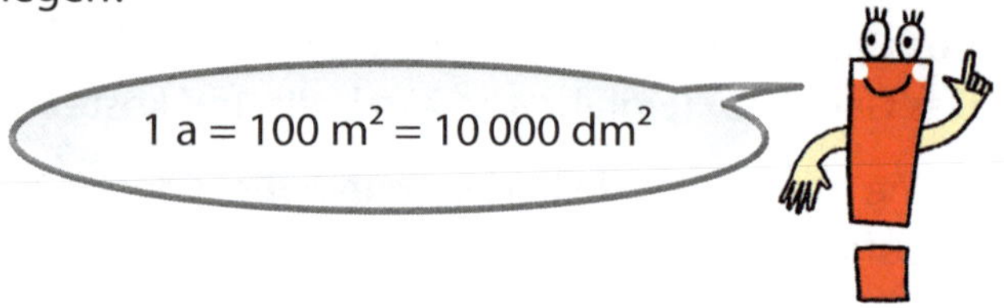

40 Herr Braun besitzt ein rechteckiges Grundstück mit einem Umfang von 114 m. Eine Breitseite misst 25 m. An einer Längsseite wird eine Hecke gepflanzt. Die Pflanzen werden in 40 cm Abstand gesetzt.

- Wie viele Pflanzen werden gebraucht?

41 Die gesamte Einzäunung (Zaun + Tor) eines rechteckigen Gartens kostet 3545 €. Das Gartentor ist 1 m breit und kostet 270 €, ein laufender Meter Zaun kostet 25 €.

- Wie groß ist die Breite des Gartens, wenn er 46 m lang ist?

42 Ein Bürgersteig, der 3,40 m lang und 1,20 m breit ist, soll mit quadratischen Platten, die eine Fläche von 400 cm^2 haben, belegt werden.

- Wie viele Platten werden insgesamt gebraucht?
- Wie viele Platten ist der Bürgersteig lang, wie viele ist er breit?

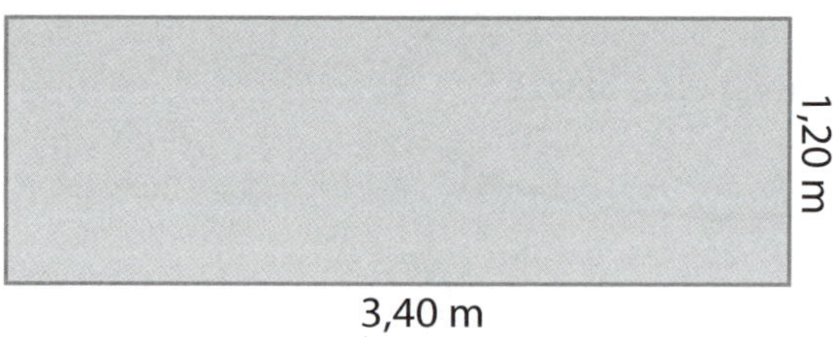

43 Berechne die fehlenden Größen.

Rechteck

Länge	Breite	Flächeninhalt	Umfang
7,5 m	5,8 m		
2 dm			10,2 dm
	25 km	7 725 km²	

Quadrat

Länge	Flächeninhalt	Umfang
	81 m²	
		100 cm

44 Ein Baugrundstück ist 40 m lang und 26,80 m breit. An einer Längs- und einer Breitseite muss für Gehwege ein 1,80 m breiter Streifen abgetreten werden. Eine Skizze hilft dir.

- Wie groß war die Fläche des Bauplatzes vor der Abtretung?
- Welche Fläche hat das Grundstück nach der Abtretung?

45 Für den Werkunterricht haben die Schüler Holzplatten bekommen, deren Flächeninhalt gleich groß ist. Die Platte von Martin ist 80 cm lang und 45 cm breit. Christians Platte ist 40 cm breit.

- Wie lang ist Christians Platte?

Martins Platte

Christians Platte

46 Um einen rechteckigen Garten, der 30 m lang und 21 m breit ist, wird ein Zaun gezogen. Im Abstand von 3 m werden Pfosten (Pfähle) gesetzt.

▶ Wie hoch sind die Gesamtkosten, wenn 1 m Zaun 22 €, ein Pfosten 8 € und das 3 m breite Tor 315 € kosten? Mache zunächst eine Skizze.

47 Um ein rechteckiges Schwimmbecken, das 9 m lang und 5 m breit ist, wird ringsherum ein 2 m breiter Weg betoniert. Fertige eine Skizze an.

▶ Wie groß ist die Fläche des Weges?

48 Berechne den Flächeninhalt dieser Figur.

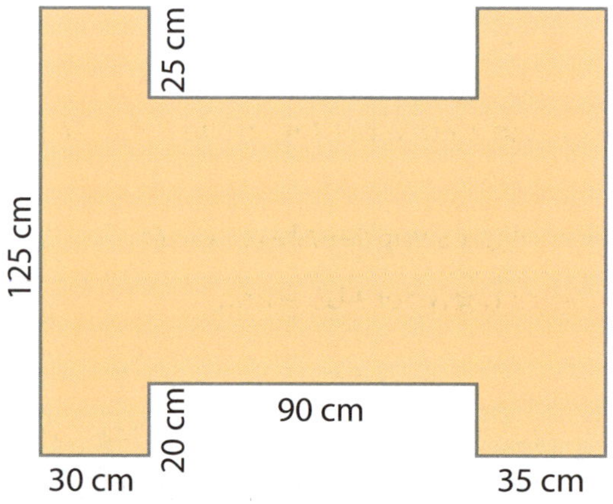

49 Herr Hofmann besitzt einen quadratischen Bauplatz mit einer Seitenlänge von 48 m. Er teilt ihn in zwei gleiche rechteckige Flächen unter seinen Zwillingen Jan und Nico auf. So entstehen zwei gleich große Rechtecke. Jan umzäunt seine Hälfte mit Maschendraht.

▶ Wie viele m Maschendraht braucht er?

50 Eine Siedlungsfläche ist 0,6 ha groß. Für Straßen müssen 4,5 a abgezogen werden.

▸ Wie viele Baugrundstücke können geschaffen werden, wenn jedes 370 m^2 groß werden soll?

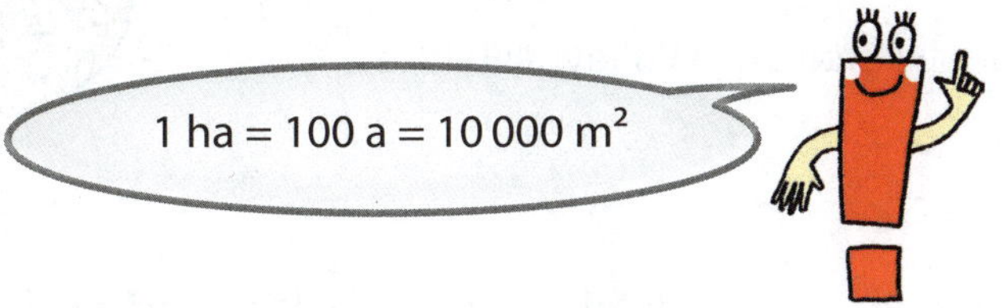

51 Ein quadratischer Garten wird eingezäunt. Das Material für 1 m Zaun kostet 20 €. Das 1 m breite Gartentürchen kostet 170 €. Der Arbeitslohn beträgt 950 €. Die Gesamtkosten der Einzäunung belaufen sich auf 3660 €.

▸ Wie lang ist eine Seite des Grundstücks?

52 Die Hauswand mit einer Tür und einem Fenster soll gestrichen werden. Sieh dir die Skizze an.

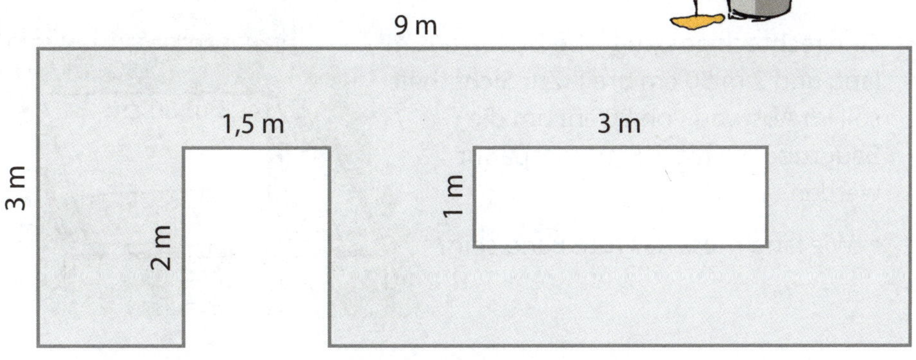

▸ Wie teuer ist das Streichen der Hauswand, wenn der Maler 3,50 € für 1 m^2 berechnet?

Prüfungsaufgaben

53 Die Fläche eines Volleyballfeldes beträgt 162 m^2.
Es ist 18 m lang.

▶ Berechne die Breite des Volleyballfeldes.

54 Eine rechteckige Garageneinfahrt, die 4,80 m lang und 2 m breit ist, wird mit quadratischen Platten, deren Seitenlänge 40 cm beträgt, belegt.

▶ Berechne die Anzahl der Platten.

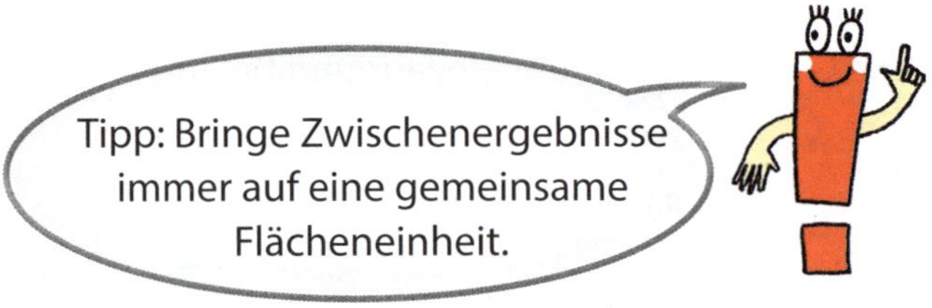

55 Eine rechteckige Baugrube ist 3 m 80 cm lang und 2 m 50 cm breit. Zur Sicherheit soll im Abstand von 50 cm um die Baugrube ein rotes Band gespannt werden.

▶ Wie lang muss das rote Band sein?

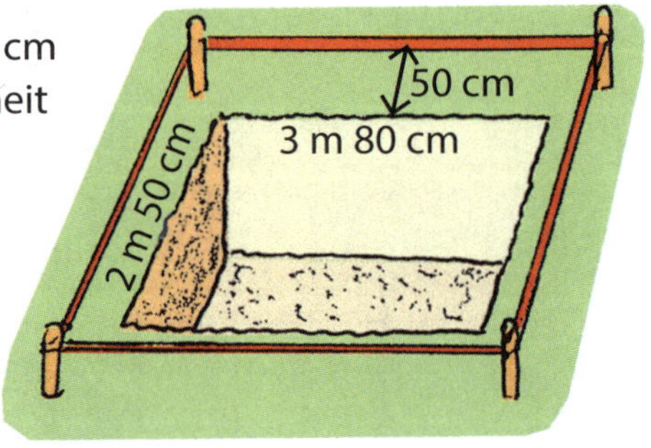

44

Flächenberechnung

Rechteck und Quadrat ab 5. Klasse

Lösungen

Dieser Lösungsteil ist herausnehmbar!
Klammern in der Mitte des Heftes öffnen!

1 **Fläche** des Grundstücks:

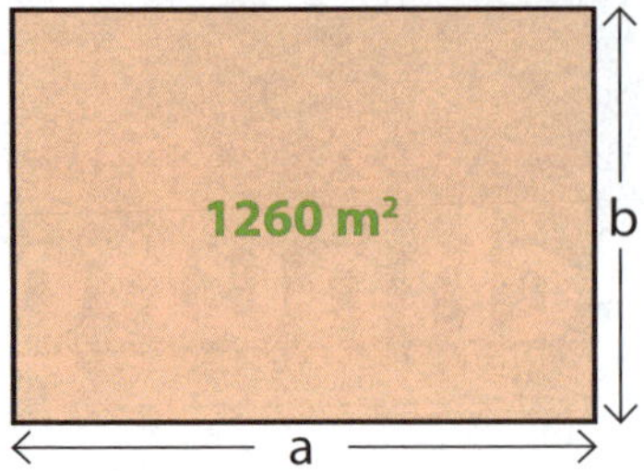

Länge: $a = 42\ \text{m}$
Breite: $b = 30\ \text{m}$

$A_R = \text{Länge} \cdot \text{Breite}$
$A_R = a \cdot b$
$A_R = 42\ \text{m} \cdot 30\ \text{m}$
$A_R = \mathbf{1260\ m^2}$

Preis des Grundstücks:

1260 · 240 €
2520
50400
302400 €

Das Grundstück kostet **302 400 €**.

2 **Fläche** der Fensterscheibe: $A = a \cdot b$

1,50 m · 1,20 m
1 50
3000
1,8000 m²

Preis der Fensterscheibe:

1,8 · 32 €
54
36
57,60 €

Die neue Fensterscheibe kostet **57,60 €**.

3

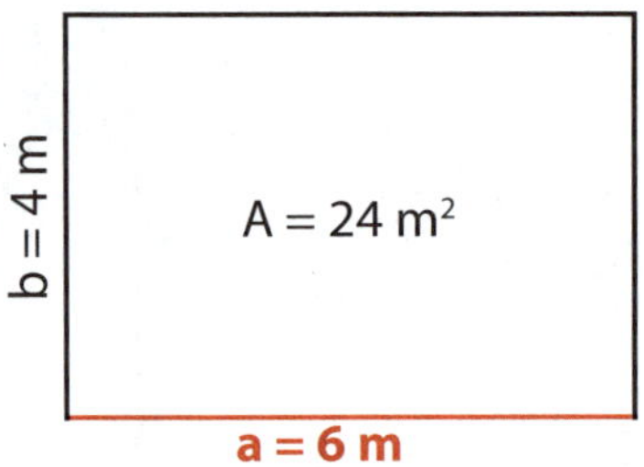

$24\ \text{m}^2 : 4\ \text{m} = \mathbf{6\ m}$
6 m ist die Länge des Zimmers.

4 **Fläche** des Quadrats A_Q:

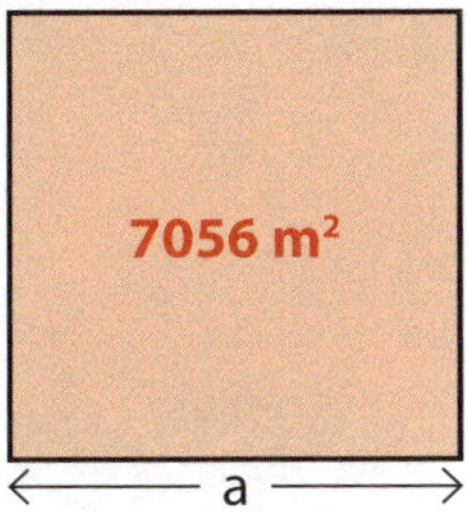

A_Q = Seite · Seite
A_Q = a · a
A_Q = 84 m · 84 m
A_Q = **7056 m²**

Seite: a = 84 m

Landwirt Rübsam muss für eine Fläche von **7056 m²** Dünger kaufen.

5

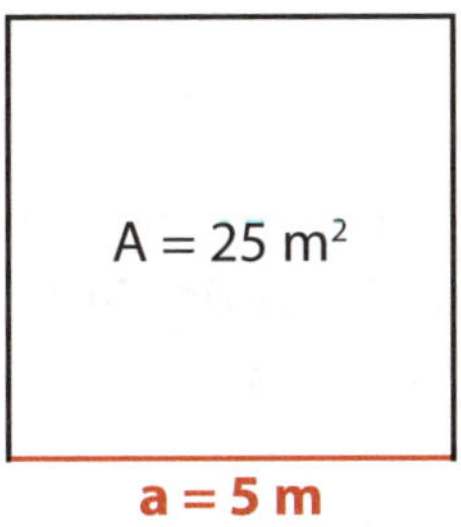

A = a · a
A = 25 m²
a = **5 m**
Die Seiten des Sandkastens sind **5 m** lang.

6 $u_R = a + b + a + b$
u_R = 70 cm + 80 cm + 70 cm + 80 cm = **300 cm**

oder:
$u_R = 2 \cdot a + 2 \cdot b$
u_R = 2 · 70 cm + 2 · 80 cm = **300 cm**

oder:
$u_R = 2 \cdot (a + b)$
u_R = 2 · (70 cm + 80 cm)
u_R = 2 · 150 cm = **300 cm**

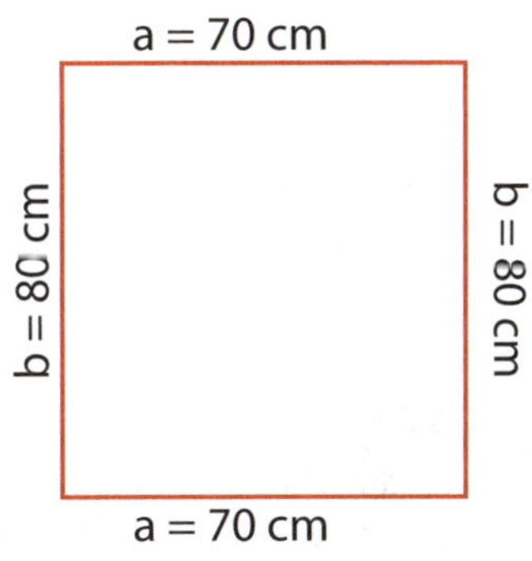

300 cm Rahmenleisten müssen gekauft werden.

7

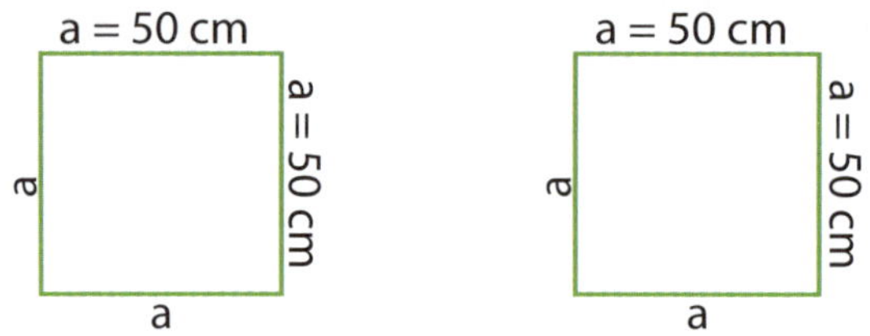

$u_Q = a + a + a + a$

$u_Q = 4 \cdot a$

$u_Q = 4 \cdot 50$ cm

$u_Q =$ **200 cm** (ist der Umfang eines Kissens)

$u_Q =$ **2 m** (werden für 1 Kissen gebraucht)

Für 2 Kissen werden 4 m gebraucht: 4 · 0,90 € = **3,60 €**

Das Samtband kostet **3,60 €**.

8

$u = 2 \cdot a + 2 \cdot b$

$u = 2 \cdot 460$ cm $+ 2 \cdot 380$ cm

$u = 920$ cm $+ 760$ cm

$u =$ **1680 cm**

$u =$ **16,80 m** (Umfang des Zimmers)

	1680 cm	(Umfang des Zimmers)
–	80 cm	(Breite der Tür)
	1600 cm = 16 m	

16 m Fußleisten muss der Vater kaufen.

9

160 m : 2 = **80 m** (ist halber Umfang)

a + b = 80 m

a + 35 m = 80 m

a = 80 m – 35 m = **45 m**

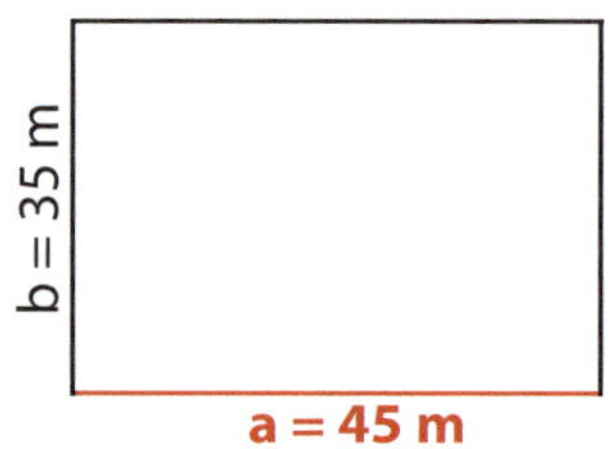

oder:

	80 m	(ist der halbe Umfang)
–	35 m	(ist die Breite des Gartens)
	45 m	

oder:

	160 m	(Umfang)
–	70 m	(**zwei** Breitseiten)
	90 m	(**zwei** Längsseiten)

90 m : 2 = **45 m** (**eine** Länge)

45 m ist der Garten lang.

10 $u = 4 \cdot a$

$u = 4 \cdot 36\ m$

$u = 144\ m$ (Umfang des Platzes)

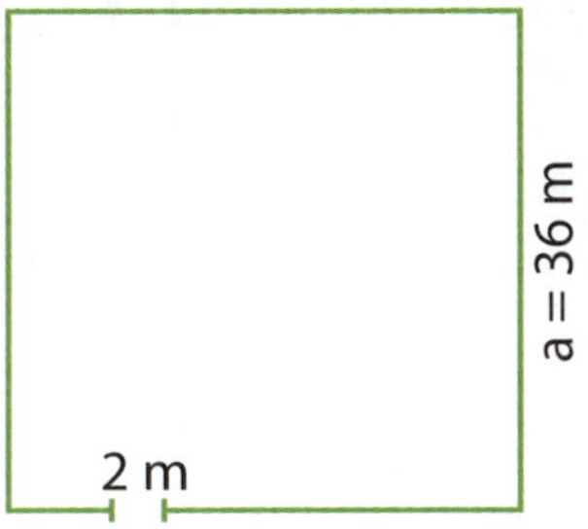

144 m (Umfang des Platzes)
– 2 m (Eingang)
142 m (Länge der Hecke)

$142 \cdot 30\ €$
4260 €

Die Hecke kostet **4260 €**.

11

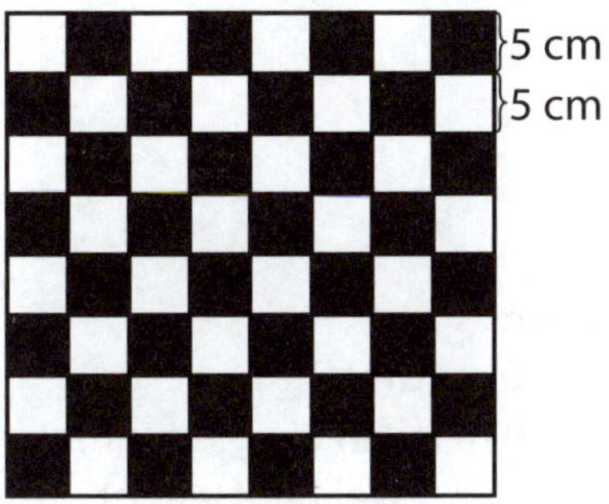

a = 40 cm

Eine Seite des Schachbretts hat 8 Felder. Jedes Feld ist 5 cm breit.

$a = 8 \cdot 5\ cm$

$a =$ **40 cm**

$u = 4 \cdot a$

$u = 4 \cdot 40\ cm$

$u =$ **160 cm**

oder:

$4 \cdot 8 = 32$

$32 \cdot 5\ cm =$ **160 cm**

1 cm pro Ecke ⟶ 4 cm

160 cm + 4 cm = **164 cm**

Die Leiste ist **1,64 m** lang.

12 1200 € : 5 € = **240** Der Umfang ist **240 m**.

$u = 4 \cdot a$

$240\ m = 4 \cdot a$

$240\ m : 4 = a$

60 m = a

Jeweils **60 m** sind die Seiten der Wiese lang und breit.

13

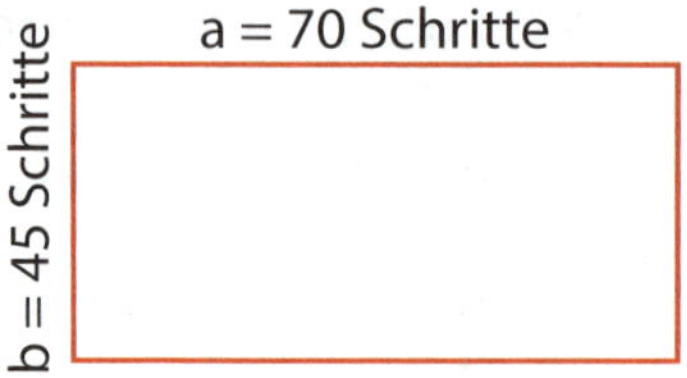

$a = 0{,}80\ m \cdot 70 = 56\ m$

$b = 0{,}80\ m \cdot 45 = 36\ m$

$u = 2 \cdot a + 2 \cdot b$

$u = 112\ m + 72\ m =$ **184 m**

Er braucht **184 m** Zaun.

14

1 840 € : 8 € = **230**
– 16
  24
– 24
  00

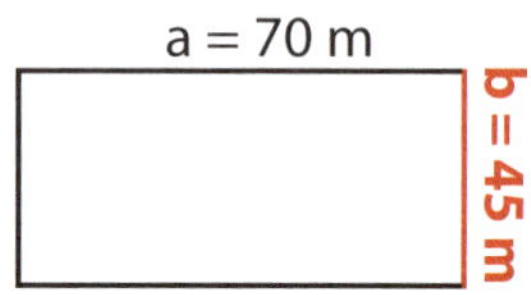

230 m ist der Umfang der Weide.

230 m : 2 = 115 m (halber Umfang)

$a + b = 115\ m$

$70\ m + b = 115\ m$

$b = 115\ m - 70\ m$

$b =$ **45 m**

oder:

230 m (Umfang)
– 140 m (**zwei** Längsseiten)
90 m (**zwei** Breitseiten)
90 m : 2 = **45 m** (**eine** Breitseite)

45 m ist die Viehweide breit.

15

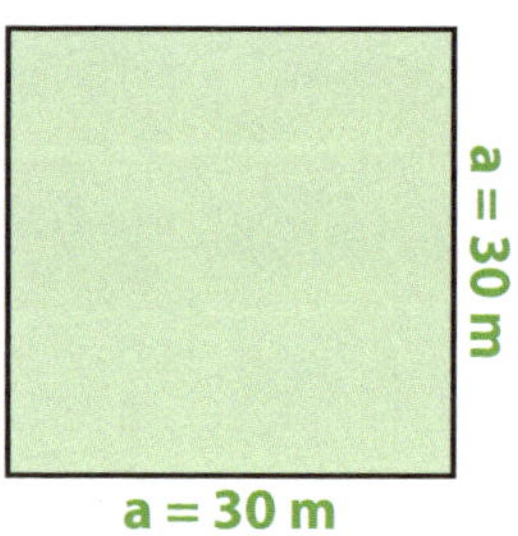

120 m : 4 = **30 m** (Seitenlänge)

$A = a \cdot a$

$A = 30\ m \cdot 30\ m$

$A =$ **900 m²**

Die Fläche des Grundstücks ist **900 m²** groß.

16

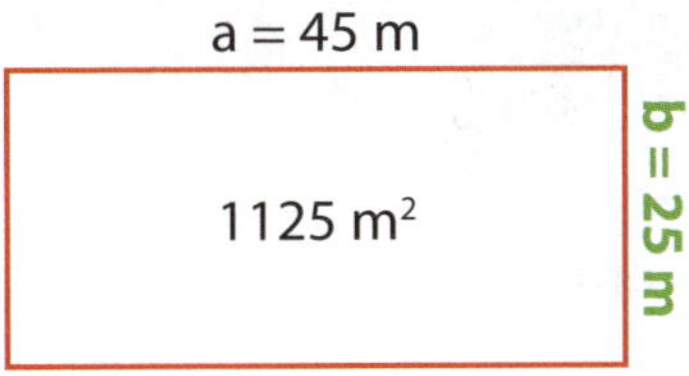

$A = a \cdot b$

$1125\ m^2 = 45\ m \cdot b$

$1125\ m^2 : 45\ m = b$

$1125\ m^2 : 45\ m =$ **25 m** (Breite)

$-\ 90$

225

$-\ 225$

0

$u = 2 \cdot a + 2 \cdot b$

$u = 2 \cdot 45\ m + 2 \cdot 25\ m$

$u = 90\ m + 50\ m$

$u =$ **140 m**

Es werden **140 m** Zaun gebraucht.

17 **Fläche eines** Fensters:

$A = a \cdot b$

$1{,}80\ m \cdot 1{,}50\ m$

180

9000

$2{,}7000\ m^2$

Fläche der **5** Fenster:

$2{,}7\ m^2 \cdot 5 =$ **13,5 m²**

Kosten der Verglasung:

$13{,}5 \cdot 38\ €$

405

1080

513,0 €

513 € kostet die Verglasung.

Umfang eines Fensters:

$u = 2 \cdot a + 2 \cdot b$

$u = 2 \cdot 1{,}80\ m + 2 \cdot 1{,}50\ m$

$u = 3{,}60\ m + 3{,}00\ m$

$u =$ **6,60 m**

Umfang der **5** Fenster:

$6{,}60\ m \cdot 5 =$ **33 m**

Es werden **33 m** Isolierband gebraucht.

18

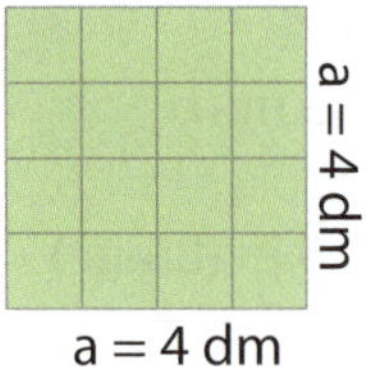

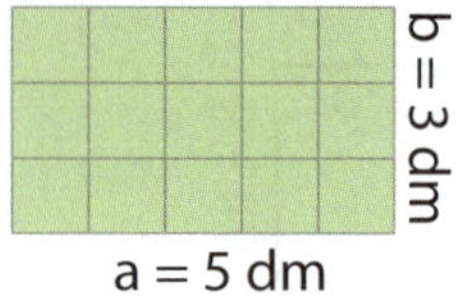

$A = a \cdot a$
$A = 4\ dm \cdot 4\ dm$
$A = \mathbf{16\ dm^2}$

$A = a \cdot b$
$A = 5\ dm \cdot 3\ dm$
$A = \mathbf{15\ dm^2}$

Der quadratische Spiegel ist um **1 dm²** größer als der rechteckige.

19

	km²		ha		a		m²		dm²		cm²		mm²		
2400 m²					2	4	0	0							= 24 a
5000 a			**5**	**0**	**0**	**0**									= **50 ha**
800 cm²										**8**	**0**	**0**			= **8 dm²**
5300 dm²							**5**	**3**	**0**	**0**					= **53 m²**
8500 ha	**8**	**5**	**0**	**0**											= **85 km²**
200 mm²												**2**	**0**	**0**	= **2 cm²**

20 **Fläche** des Ackers: $A = a \cdot b$

$75\ m \cdot 60\ m$
4500 m² = 45 a

45 · 24 kg
90
180
1080 kg

1080 kg Saatkartoffeln braucht er.

21 $3{,}00\,dm^2 = \mathbf{300}\,cm^2$ | $412\,cm^2 = \mathbf{4{,}12}\,dm^2$

$248\,cm^2 = \mathbf{2{,}48}\,dm^2$ | $3{,}50\,dm^2 = \mathbf{350}\,cm^2$

$0{,}0530\,m^2 = \mathbf{530}\,cm^2$ | $8{,}00\,m^2 = \mathbf{800}\,dm^2$

$4175\,mm^2 = \mathbf{0{,}4175}\,dm^2$ | $3{,}1500\,m^2 = \mathbf{31\,500}\,cm^2$

Zum Umrechnen findest du am Ende des Heftes wichtige Hinweise.

22 A = a · b

280 m · 150 m
280
14000
42000 m²
(ganze Fläche)

42 000 m² : 5 = **8400 m²** (Straßen)

Gesamtfläche: 42 000 m²
– Straßen: – 8 400 m²
33 600 m²

Es bleiben **33 600 m²** Siedlungsfläche.

23 **Fläche** des Ackers:
A = a · a

95 m · 95 m
855
475
9025 m² = **90,25 a**

90,25 · 4 kg
361,00 kg = **361 kg**

361 kg Biodünger werden gebraucht.

24 **Flächeninhalt** des Fußballfeldes:

$A = a \cdot b$

$A = 105\ m \cdot 70\ m =$ **$7350\ m^2$**

Der Flächeninhalt des Feldes beträgt **$7350\ m^2$**.

Gesamtlänge der Außenlinien:

$u = 2 \cdot a + 2 \cdot b$

$u = 2 \cdot 105\ m + 2 \cdot 70\ m$

$u = 210\ m + 140\ m$

$u =$ **$350\ m$**

Die vier Außenlinien sind zusammen **350 m** lang.

25

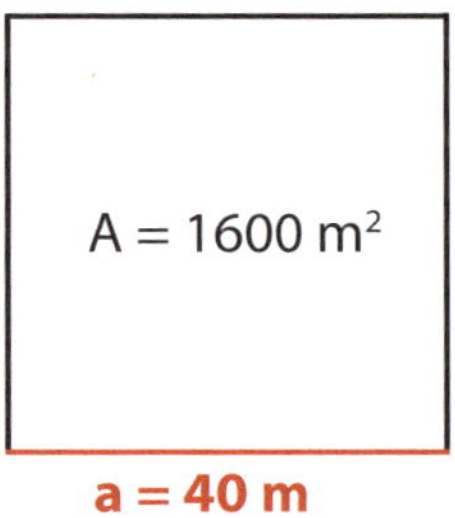

$A = a \cdot a$

$A = 1\,600\ m^2$

$a =$ **$40\ m$**

denn: $40\ m \cdot 40\ m = 1600\ m^2$

Eine Seite des Grundstücks ist **40 m** lang.

26 $u = 4 \cdot a$

$u = 4 \cdot 37\ m = 148\ m$

$$\begin{array}{r} 148{,}0\ m \\ -\quad 1{,}5\ m \\ \hline 146{,}5\ m \end{array}$$

146,5 m (Länge der Hecke)

Kosten der Hecke: $146{,}5 \cdot 20\ € =$ **2930 €**

Die Hecke kostet **2930 €**.

27 640 cm : 2 = **320 cm** (halber Umfang)

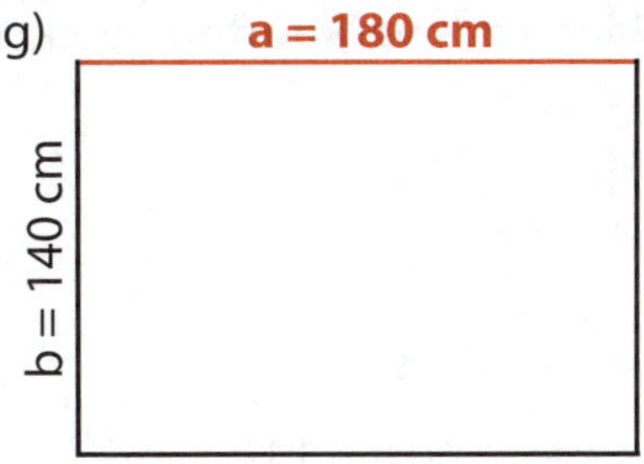

  320 cm (halber Umfang)
– 140 cm (Breite der Tischdecke)
180 cm

oder:

  640 cm (Umfang)
– 280 cm (**zwei** Breitseiten)
360 cm (**zwei** Längsseiten)

360 cm : 2 = **180 cm** (**eine** Länge)

180 cm ist die Tischdecke lang.

28

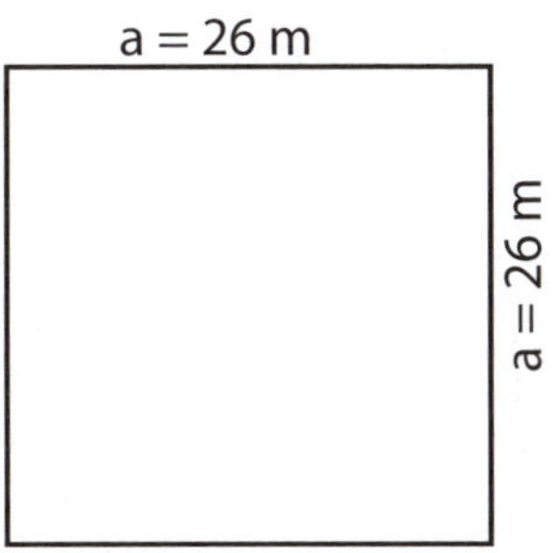

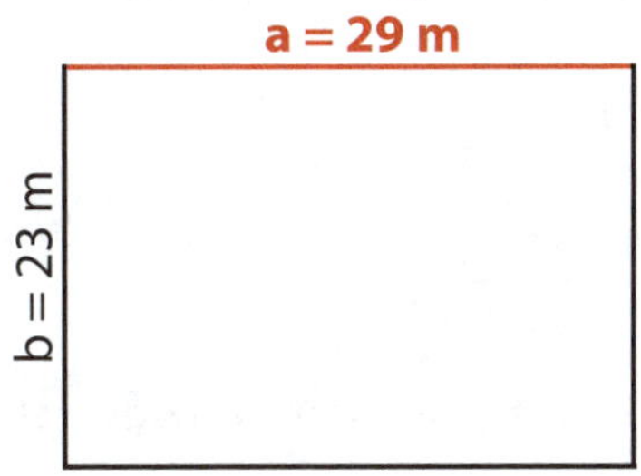

$u_Q = 4 \cdot a$
$u_Q = 4 \cdot 26$ m
u_Q = **104 m** (Umfang des quadratischen Grundstücks)

104 m : 2 = **52 m** (halber Umfang)

  52 m (halber Umfang)
– 23 m (Breite des rechteckigen Grundstücks)
29 m

oder:

  104 m (Umfang)
– 46 m (**zwei** Breiten)
58 m (**zwei** Längen)

58 m : 2 = **29 m**

29 m ist das rechteckige Grundstück lang.

29 **Fläche** des **verkauften** Stücks:

$A = a \cdot b$

110 m · 85 m

880

550

9350 m^2

1,4 ha = 140 a = 14 000 m^2

14000 m^2 (Fläche der ganzen Wiese)

– 9350 m^2 (verkauftes Stück)

4650 m^2

Herrn Meier bleiben noch **4650 m^2**.

30 **Fläche** des **Grundstücks**:

$A = a \cdot b$

32 m · 24 m

64

128

768 m^2

Fläche für ein **Bäumchen**: 8 m^2

768 m^2 : 8 m^2 = **96**

– 72

48

– 48

0

96 Bäumchen können gesetzt werden.

31

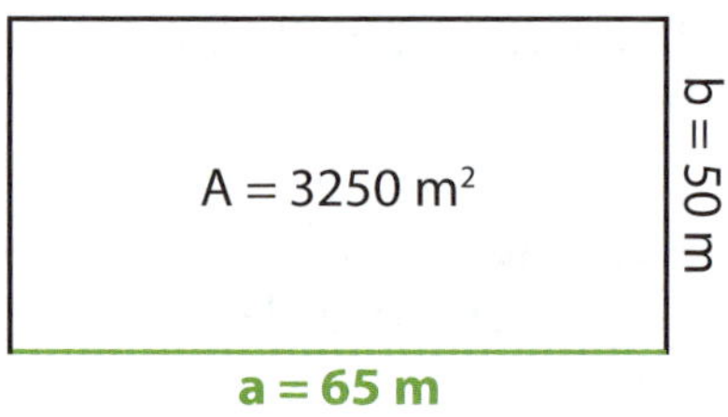

3250 m^2 : 50 m = **65 m** (Länge)

– 300

250

– 250

0

$u = 2 \cdot 65\ m + 2 \cdot 50\ m$

$u = 130\ m + 100\ m =$ **230 m**

Man braucht **230 m** Zaun.

32

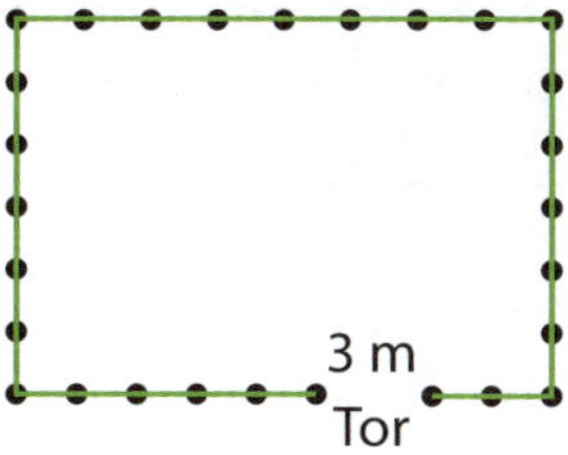

$u = 2 \cdot a + 2 \cdot b$
$u = 2 \cdot 24\ m + 2 \cdot 18\ m$
$u = 48\ m + 36\ m = 84\ m$

84 m (Umfang)
− 3 m (Tor)
81 m (Länge des Drahtzauns)

Der Drahtzaun kostet:	20 € · 81 = 1620 €
Die Pfosten kosten:	15 € · 28 = 420 €
Das Tor kostet:	+ 450 €
	2490 €

Die gesamten Kosten betragen **2490 €**.

33

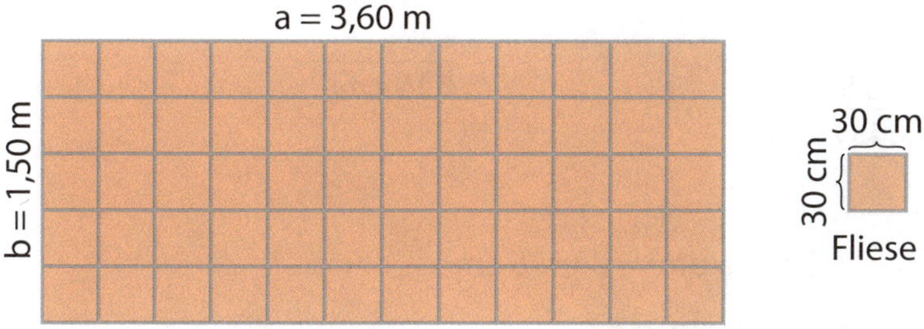

Fläche des **Hauseingangs**:
$A = a \cdot b$
3,6 m · 1,5 m
36
180
5,40 m² = **540 dm²**

Fläche einer **Fliese**:
$A = a \cdot a$
30 cm · 30 cm
900 cm² = **9 dm²**

Beachte: Wandle stets vor dem Rechnen zuerst alle Maßangaben in die gleiche Einheit um.

$540\ dm^2 : 9\ dm^2 =$ **60**

60 Fliesen werden gebraucht.

34

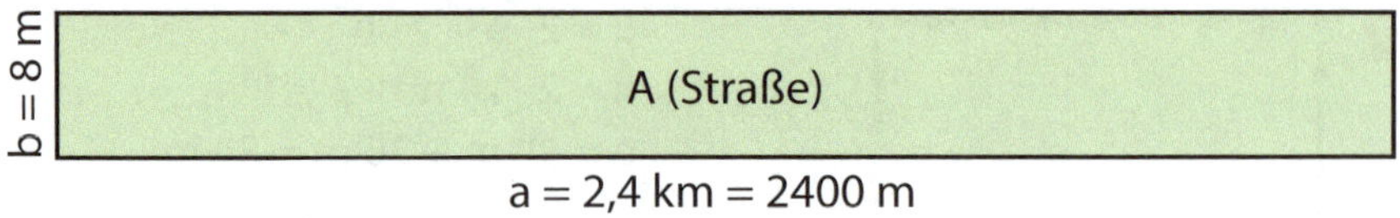

Fläche der **Straße**:

A = a · b

2400 m · 8 m

19 200 m²

Kosten:

19 200 · 45 €

76800

96000

864 000 €

864 000 € kostet das Teeren der Straße.

35

Fläche des **Flurs**:

A = a · b

2,75 m · 1,25 m

275

550

1 375

3,4375 m²

Fläche einer **Fliese**:

A = a · a

25 cm · 25 cm

50

125

625 cm²

$3{,}4375\ m^2 = 343{,}75\ dm^2 = 34\,375\ cm^2$

$34\,375\ cm^2 : 625\ cm^2 =$ **55**

– 3125

3125

– 3125

0

55 Fliesen werden gebraucht.

36 Gartentürchen: 150 €
Gartentor: + 410 €
560 €

5000 €
− 560 €
4440 € (Zaun)

4440 € : 30 € = **148**
− 30
144
− 120
240
− 240
0

Der Zaun ist **148 m** lang.

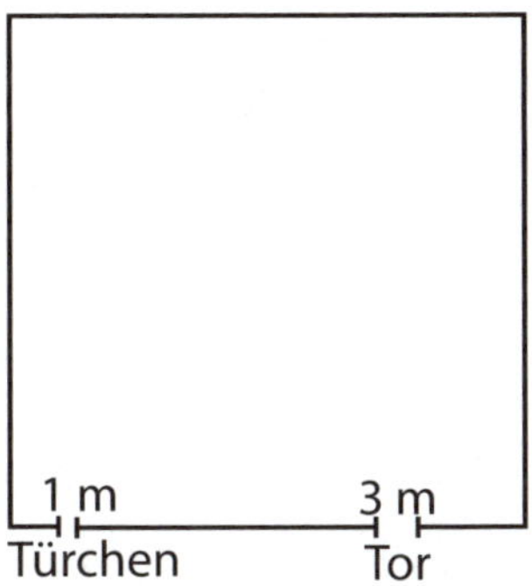

Zaun:	148 m
Türchen:	1 m
Tor:	+ 3 m
Umfang:	**152 m**

152 m : 4 = **38 m**
− 12
32
− 32
0

38 m sind die Seiten des Grundstücks lang und breit.

37 **Fläche** der **Terrasse**:
$A = a \cdot a$
2,60 m · 2,60 m
5 20
1 560
6,760 m² = **676 dm²**

Fläche einer **Fliese**:
20 cm · 20 cm = **400 cm²**
= **4 dm²**

676 dm² : 4 dm² = **169**
− 4
27
− 24
36
−36
0

169 Fliesen werden gebraucht.

38

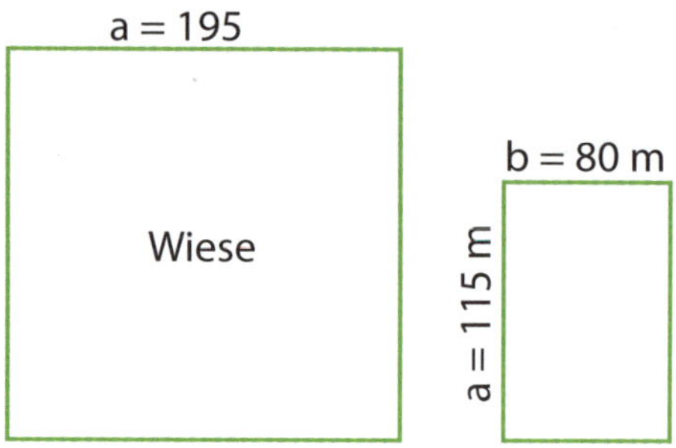

$u_Q = 4 \cdot a$
$u_Q = 4 \cdot 195\ \text{m}$
$u_Q =$ **780 m** (Umfang der Wiese)

$u_R = 2 \cdot (a + b)$
$u_R = 2 \cdot (115\ \text{m} + 80\ \text{m})$
$u_R = 2 \cdot 195\ \text{m}$
$u_R =$ **390 m** (Umfang des Fußballfeldes)

  780 m (Umfang der Wiese)
  390 m (Umfang Fußballfeld, 1. Lauf)
+ 390 m (Umfang Fußballfeld, 2. Lauf)
1560 m = **1,560 km**

Julia und Wuffi sind **1,560 km** gelaufen.

39 20 a = 2000 m^2 = 200 000 dm^2

Anzahl der **Platten**:

200 000 dm^2 : 16 dm^2 = **12 500**
– 16
  40
 – 32
   80
  – 80
    00

12 500 Steinplatten werden benötigt.

40

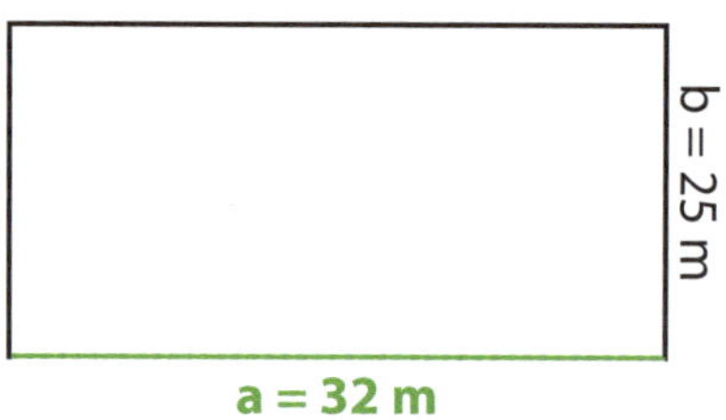

114 m : 2 = 57 m
Der **halbe** Umfang ist 57 m.
Länge: 57 m – 25 m = **32 m**
Die Länge ist **32 m.**
32 m = 3200 cm
3200 cm : 40 cm = **80**

80 Pflanzen + **1 Anfangspflanze** = **81** Pflanzen

81 Pflanzen werden gebraucht.

41

$$\begin{array}{r} 3545\,€ \\ -\ \ 270\,€ \\ \hline 3275\,€ \end{array}$$ (kostet der Zaun)

3275 € : 25 € = **131**

$$\begin{array}{r} -25 \\ \hline 77 \\ -75 \\ \hline 25 \\ -25 \\ \hline 0 \end{array}$$

Der Zaun ist **131 m** lang.

Zaun:	131 m
Tor:	+ 1 m
Umfang:	132 m

Der **halbe** Umfang ist 66 m.

$a + b = 66$ m

46 m + $b = 66$ m

$b = 66$ m − 46 m

$b =$ **20 m**

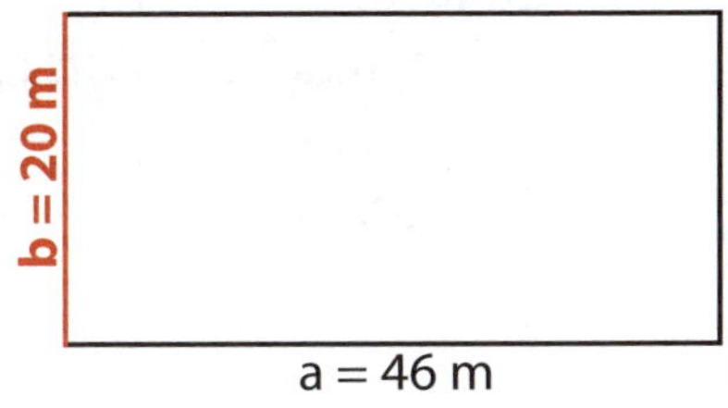

Der Garten ist **20 m** breit.

42

Fläche des **Bürgersteigs**:

$A = a \cdot b$

$$\begin{array}{r} 3{,}40\text{ m} \cdot 1{,}20\text{ m} \\ \hline 340 \\ 680 \\ \hline \end{array}$$

4,080 m² = **408,00 dm²** = **40 800 cm²**

Fläche einer **Platte**:

400 cm²

40 800 cm² : 400 cm² = **102**

$$\begin{array}{r} -400 \\ \hline 800 \\ -800 \\ \hline 0 \end{array}$$

102 Platten werden gebraucht.

Seitenlänge einer **Fliese**:

$A = a \cdot a$

$A = 400$ cm²

$a =$ **20 cm**

340 cm : 20 cm = **17**

$$\begin{array}{r} -20 \\ \hline 140 \\ -140 \\ \hline 0 \end{array}$$

120 cm : 20 cm = **6**

Der Bürgersteig ist **17 Fliesen** lang und **6 Fliesen** breit.

43 Rechteck

Länge	Breite	Flächeninhalt	Umfang
7,5 m	5,8 m	**43,5 m²**	**26,6 m**
2 dm	**3,1 dm**	**6,2 dm²**	10,2 dm
309 km	25 km	7 725 km²	**668 km**

Quadrat

Länge	Flächeninhalt	Umfang
9 m	81 m²	**36 m**
25 cm	**625 cm²**	100 cm

44

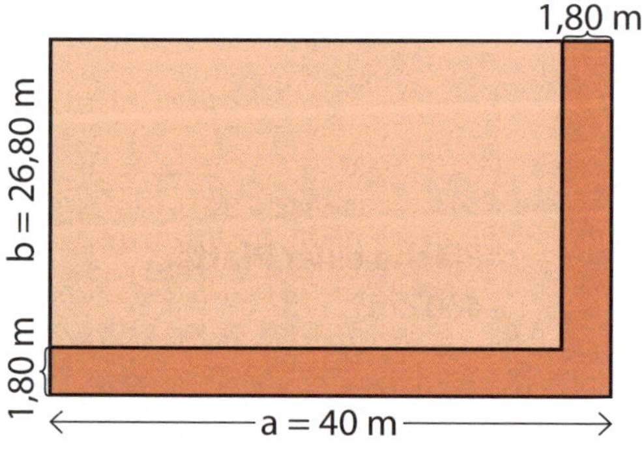

Fläche vor der Abtretung:

$A = a \cdot b$

$A = 26{,}80\ m \cdot 40\ m$

1072,00 m²

Vor der Abtretung ist die Fläche des Bauplatzes **1072 m²** groß.

40 m – 1,80 m = **38,20 m** (Länge nach Abtretung)

26,80 m – 1,80 m = **25 m** (Breite nach Abtretung)

Fläche nach der **Abtretung**:

$A = 38{,}20\ m \cdot 25\ m$

7640

19100

955,00 m²

Nach der Abtretung hat das Grundstück eine Fläche von **955 m²**.

45

$A = a \cdot b$
$A = 80\ cm \cdot 45\ cm$
$A =$ **$3600\ cm^2$** (Platte von Martin)

$3\,600\ cm^2 : 40\ cm =$ **90 cm**
-360
00

Die Platte von Christian ist **90 cm** lang.

46

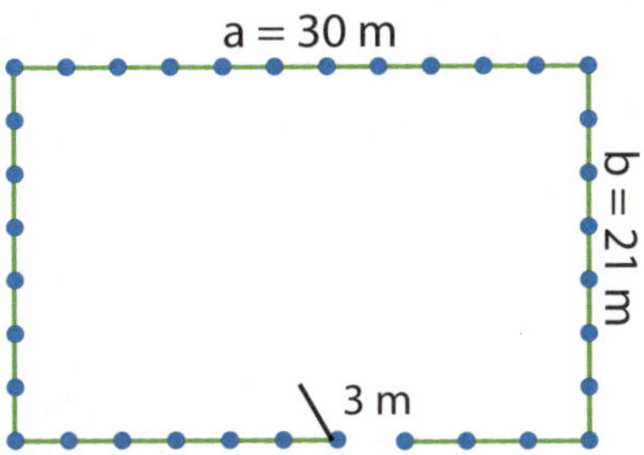

Anzahl der Pfosten:
$99\ m : 3\ m =$ **33**

33 Pfosten
\+ 1 Anfangspfosten
34 Pfosten

$u = 2 \cdot (a + b)$
$u = 2 \cdot (30\ m + 21\ m)$
$u = 2 \cdot 51\ m =$ **102 m**

102 m (Umfang)
− 3 m (Tor)
99 m (Länge des Zauns)

Gesamtkosten:

Zaun:	$99 \cdot 22\ € =$	2178 €
Pfosten:	$34 \cdot 8\ € =$	272 €
Tor:		+ 315 €
		2765 €

2765 € betragen die Gesamtkosten.

47

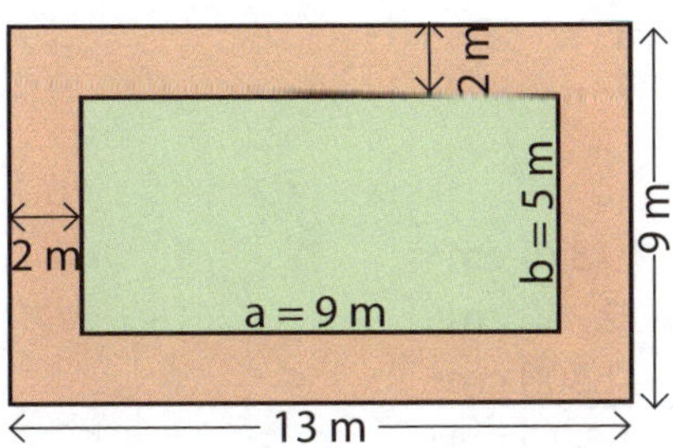

Gesamte Fläche der Anlage (Becken und Weg):
$13\ m \cdot 9\ m = 117\ m^2$

Fläche des **Schwimmbeckens**:
$9\ m \cdot 5\ m =$ **$45\ m^2$**

$117\ m^2 - 45\ m^2 =$ **$72\ m^2$**

$72\ m^2$ ist die Fläche des Weges.

48

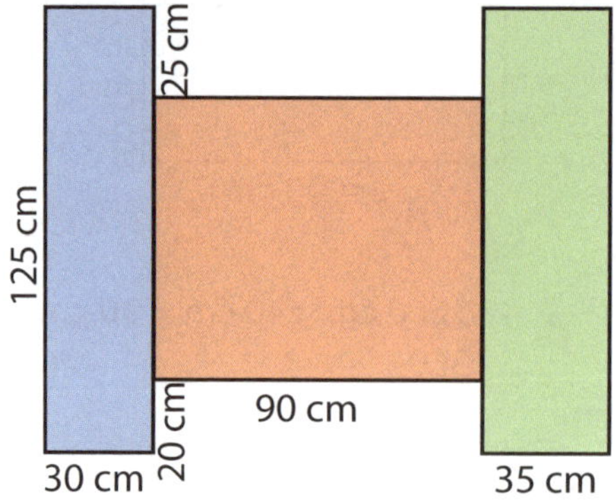

blaue Teilfigur:

$A_{blau} = 125\ cm \cdot 30\ cm = \mathbf{3750\ cm^2}$

grüne Teilfigur:

$A_{grün} = 125\ cm \cdot 35\ cm = \mathbf{4375\ cm^2}$

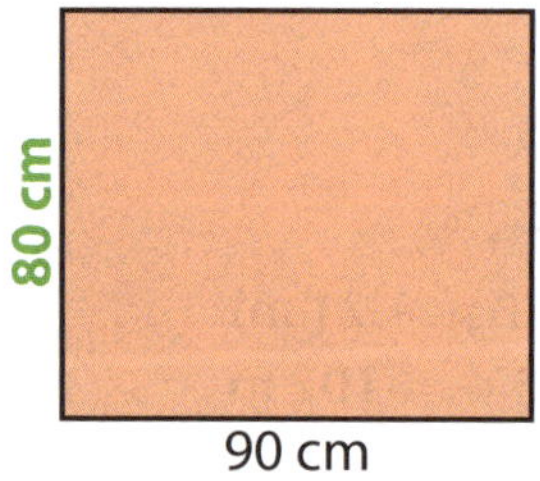

rote Teilfigur:

$125\ cm - 25\ cm - 20\ cm = \mathbf{80\ cm}$

$A_{rot} = 90\ cm \cdot 80\ cm = \mathbf{7200\ cm^2}$

$$\begin{array}{r} 3750\ cm^2 \\ 4375\ cm^2 \\ +\ 7200\ cm^2 \\ \hline \mathbf{15\,325\ cm^2} \end{array}$$

oder:

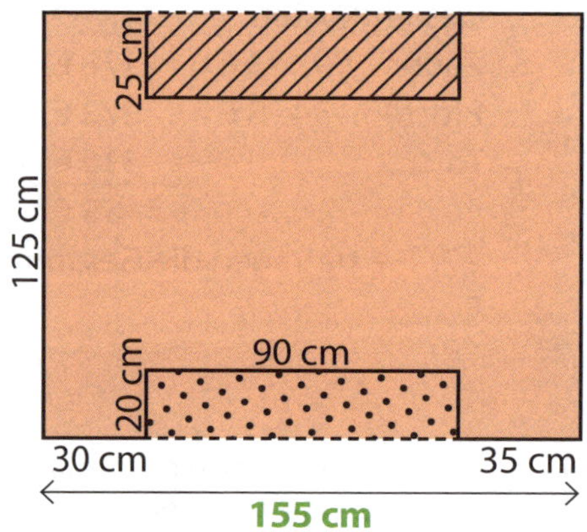

Fläche des **roten** Rechtecks:

$30\ cm + 90\ cm + 35\ cm = \mathbf{155\ cm}$

$125\ cm \cdot 155\ cm = \mathbf{19\,375\ cm^2}$

gestreifte Fläche:

$25\ cm \cdot 90\ cm = \mathbf{2250\ cm^2}$

gepunktete Fläche:

$20\ cm \cdot 90\ cm = \mathbf{1800\ cm^2}$

	Fläche des roten Rechtecks:	$19\,375\ cm^2$
–	gestreifte Fläche:	$-\ 2\,250\ cm^2$
–	gepunktete Fläche:	$-\ 1\,800\ cm^2$
	Fläche der gesuchten Figur:	$\mathbf{15\,325\ cm^2}$

Der Flächeninhalt der gesuchten Figur ist **15 325 cm²** groß.

49

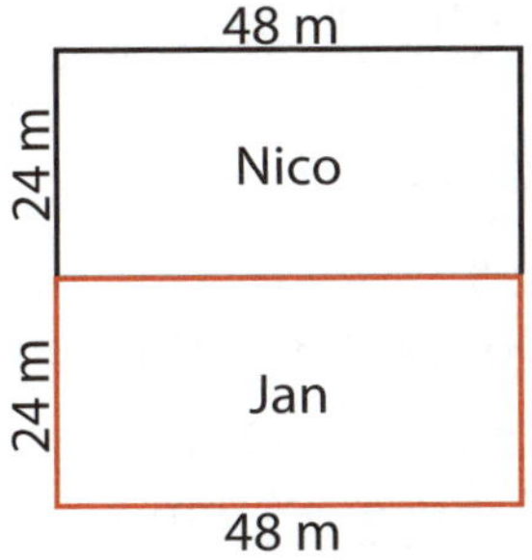

$u = 48\text{ m} \cdot 2 + 24\text{ m} \cdot 2$

$\quad = 96\text{ m} + 48\text{ m} = \mathbf{144\text{ m}}$

Er braucht **144 m** Maschendraht.

50 $0{,}6\text{ ha} = 60\text{ a} = 6\,000\text{ m}^2$

Siedlungsfläche:	6000 m^2
– Straßen:	– 450 m^2
Baugrundstücke:	**5550 m^2**

$5550\text{ m}^2 : 370\text{ m}^2 = \mathbf{15}$

– 370

1850

– 1850

0

Es können **15 Baugrundstücke** geschaffen werden.

51 Arbeitslohn: 950 € | Türchen: + 170 € | = 1120 €

3660 € − 1120 € = 2540 € (Materialkosten)

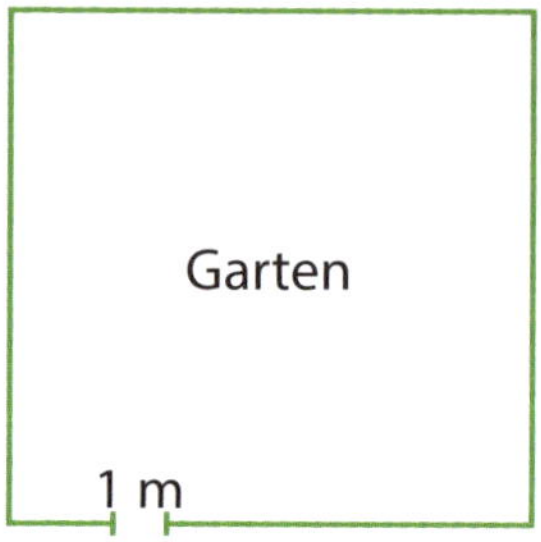

2540 € : 20 € = **127**

− 20
54
− 40
140
− 140
0

Der Zaun ist **127 m** lang.

Zaun: 127 m
Türchen: + 1 m
Umfang: 128 m

128 m : 4 = **32 m**

32 m ist eine Seite des Grundstücks lang.

52 **Fläche** der ganzen **Hauswand**:
$9\ m \cdot 3\ m = 27\ m^2$

Fläche der **Haustür**:
$1{,}5\ m \cdot 2\ m = 3\ m^2$

Fläche des **Fensters**:
$3\ m^2$

Fläche, die zu streichen ist:
$27\ m^2$ (ganze Wand)
− $3\ m^2$ (Tür)
− $3\ m^2$ (Fenster)
$21\ m^2$

3,50 € · 21
70 0
3 50
73,50 €

73,50 € kostet das Streichen der Hauswand.

53 $162\ m^2 : 18\ m =$ **9 m**

Die Breite des Volleyballfeldes ist **9 m** lang.

54 **Fläche** der **Einfahrt**:
$4{,}80\ m \cdot 2\ m =$ **$9{,}60\ m^2$**
= **$960\ dm^2$**

Fläche einer **Platte**:
$40\ cm \cdot 40\ cm =$ **$1600\ cm^2$**
= **$16\ dm^2$**

$960\ dm^2 : 16\ dm^2 =$ **60**

60 Platten werden gebraucht.

Kindergarten und Vorschule

619 Kindergartenblock – Gemeinsamk. & Unterschiede ab 4 J.
978-3-88100-619-4 | 4,90 EUR** | DIN-A5-Block

620 Kindergartenblock – Das kann ich schon! ab 4 Jahre
978-3-88100-620-0 | 4,90 EUR** | DIN-A5-Block

621 Kindergartenblock – Formen, Farben, Fehler finden ab 4 Jahre
978-3-88100-621-7 | 4,90 EUR** | DIN-A5-Block

622 Kindergartenblock – Verbinden, vergleichen, Fehler finden ab 4 Jahre
978-3-88100-622-4 | 4,90 EUR** | DIN-A5-Block

623 Vorschulblock – Konzentration und Wahrnehmung ab 5 Jahre
978-3-88100-623-1 | 4,90 EUR** | DIN-A5-Block

624 Vorschulblock – Logisches Denken, rätseln und knobeln ab 5 Jahre
978-3-88100-624-8 | 4,90 EUR** | DIN-A5-Block

625 Vorschulblock – Fit zum Schuleintritt ab 5 Jahre
978-3-88100-625-5 | 4,90 EUR** | DIN-A5-Block

626 Vorschulblock – Schwungübungen ab 5 Jahre
978-3-88100-626-2 | 4,90 EUR** | DIN-A5-Block

627 Vorschulblock – Zahlen und Mengen ab 5 Jahre
978-3-88100-627-9 | 4,90 EUR** | DIN-A5-Block

628 Vorschulblock – Buchstaben und Laute ab 5 Jahre
978-3-88100-628-6 | 4,90 EUR** | DIN-A5-Block

611 Vorschule: Schulreife fördern
978-3-88100-611-8 | 4,90 EUR** | DIN-A5-Heft

612 Vorschule: Sprache entdecken
978-3-88100-612-5 | 4,90 EUR** | DIN-A5-Heft

613 Vorschule: Zahlen entdecken
978-3-88100-613-2 | 4,90 EUR** | DIN-A5-Heft

614 Vorschule: Unsere vier Jahreszeiten
978-3-88100-614-9 | 4,90 EUR** | DIN-A5-Heft

615 Vorschule: Rund um meinen Körper
978-3-88100-615-6 | 4,90 EUR** | DIN-A5-Heft

Malblöcke ab 3 Jahre

601 Malblock – Indianer, Ritter und Piraten
978-3-88100-601-9 | 3,90 EUR* | DIN-A5-Block

602 Malblock – Märchen und Zauberei
978-3-88100-602-6 | 3,90 EUR* | DIN-A5-Block

603 Malblock – Notarzt, Polizei und Feuerwehr
978-3-88100-603-3 | 3,90 EUR* | DIN-A5-Block

604 Malblock – Pferde
978-3-88100-604-0 | 3,90 EUR* | DIN-A5-Block

605 Malblock – Tiere im Zoo
978-3-88100-605-7 | 3,90 EUR* | DIN-A5-Block

Rätselblöcke für Kinder von 5–10 Jahre

630 Rätselblock ab 5 Jahre
978-3-88100-630-9 | 4,90 EUR** | DIN-A5-Block

631 Rätselblock ab 6 Jahre
978-3-88100-631-6 | 4,90 EUR** | DIN-A5-Block

632 Rätselblock ab 7 Jahre
978-3-88100-632-3 | 4,90 EUR** | DIN-A5-Block

633 Rätselblock ab 8 Jahre
978-3-88100-633-0 | 4,90 EUR** | DIN-A5-Block

634 Rätselblock ab 9 Jahre
978-3-88100-634-7 | 4,90 EUR** | DIN-A5-Block

*4,00 EUR [A] | 4.70 CHF **5,00 EUR [A] | 5.90 CHF

Besser lernen und spielerisch üben für Kindergarten & Schule

von Pädagogen empfohlen!

Spielerisch üben in Kindergarten & Grundschule

Lernhilfen und Trainingsbücher für die 1.–4. Klasse

1. Klasse Mathematik und Deutsch

71 Mathe trainieren 1. Klasse
978-3-88100-071-0 | 6,90 EUR* | DIN-A5-Heft

81 Tests in Mathe – Lernzielkontrollen 1. Klasse *erscheint März '19*
978-3-88100-081-9 | 9,90 EUR** | DIN-A4-Heft

651 Mathe auf dem Bauernhof 1. Klasse
978-3-88100-651-4 | 6,90 EUR* | DIN-A5-Heft

661 Quer durch die 1. Klasse, Mathe und Deutsch – Übungsblock
978-3-88100-661-3 | 6,90 EUR* | DIN-A5-Block

212 Grammatik 1./2. Klasse
978-3-88100-212-7 | 6,90 EUR* | DIN-A5-Heft

251 Rechtschreiben 1. Klasse
978-3-88100-251-6 | 6,90 EUR* | DIN-A5-Heft

271 Besser lesen 1. Klasse
978-3-88100-271-4 | 6,90 EUR* | DIN-A5-Heft

281 Tests in Deutsch – Lernzielkontrollen 1. Klasse *erscheint März '19*
978-3-88100-281-3 | 9,90 EUR** | DIN-A4-Heft

2. Klasse Mathematik und Deutsch

52 Textaufgaben 2. Klasse
978-3-88100-052-9 | 6,90 EUR* | DIN-A5-Heft

72 Mathe trainieren 2. Klasse
978-3-88100-072-7 | 6,90 EUR* | DIN-A5-Heft

82 Tests in Mathe – Lernzielkontrollen 2. Klasse
978-3-88100-082-6 | 9,90 EUR** | DIN-A4-Heft

652 Einmaleins Mathematik 2./3. Klasse
978-3-88100-048-2 | 6,90 EUR* | DIN-A5-Heft

662 Quer durch die 2. Klasse, Mathe und Deutsch – Übungsblock
978-3-88100-662-0 | 6,90 EUR* | DIN-A5-Block

212 Grammatik 1./2. Klasse
978-3-88100-212-7 | 6,90 EUR* | DIN-A5-Heft

221 Aufsatz Deutsch 2. Klasse
978-3-88100-221-9 | 6,90 EUR* | DIN-A5-Heft

242 Rechtschreiben und Diktate 2. Klasse
978-3-88100-242-4 | 6,90 EUR* | DIN-A5-Heft

272 Besser lesen 2. Klasse
978-3-88100-272-1 | 6,90 EUR* | DIN-A5-Heft

282 Tests in Deutsch – Lernzielkontrollen 2. Klasse
978-3-88100-282-0 | 9,90 EUR** | DIN-A4-Heft

3. Klasse Mathematik und Deutsch

53 Textaufgaben 3. Klasse
978-3-88100-053-6 | 6,90 EUR* | DIN-A5-Heft

73 Mathe trainieren 3. Klasse
978-3-88100-073-4 | 6,90 EUR* | DIN-A5-Heft

83 Tests in Mathe – Lernzielkontrollen 3. Klasse
978-3-88100-083-3 | 9,90 EUR** | DIN-A4-Heft

652 Einmaleins Mathematik 2./3. Klasse
978-3-88100-048-2 | 6,90 EUR* | DIN-A5-Heft

653 Mathe-Abenteuer 3. Klasse: Im Mittelalter
978-3-88100-653-8 | 6,90 EUR* | DIN-A5-Heft

663 Quer durch die 3. Klasse, Mathe und Deutsch – Übungsblock
978-3-88100-663-7 | 6,90 EUR* | DIN-A5-Block

* 7,10 EUR [A] | 8.30 CHF ** 10,20 EUR [A] | 11.90 CHF *** 4,00 EUR [A] | 4.70 CHF

3. Klasse Deutsch und Englisch

213 Grammatik 3. Klasse
978-3-88100-213-4 | 6,90 EUR* | DIN-A5-Heft

222 Aufsatz Deutsch 3. Klasse
978-3-88100-222-6 | 6,90 EUR* | DIN-A5-Heft

243 Diktate Deutsch 3./4. Klasse
978-3-88100-243-1 | 6,90 EUR* | DIN-A5-Heft

253 Rechtschreiben und Diktate 3. Klasse
978-3-88100-253-0 | 6,90 EUR* | DIN-A5-Heft

273 Besser lesen 3. Klasse
978-3-88100-273-8 | 6,90 EUR* | DIN-A5-Heft

283 Tests in Deutsch – Lernzielkontrollen 3. Klasse
978-3-88100-283-7 | 9,90 EUR** | DIN-A4-Heft

293 Lesetests in Deutsch – Lernzielkontrollen 3. Klasse
978-3-88100-293-6 | 9,90 EUR** | DIN-A4-Heft
erscheint Juli '19

311 Mein buntes Vokabelheft. Englisch 3./4. Klasse
978-3-88100-045-1 | 6,90 EUR* | DIN-A5-Heft

673 Quer durch die 3. Klasse, Englisch – Übungsblock
978-3-88100-673-6 | 6,90 EUR* | DIN-A5-Block

4. Klasse Mathematik, Deutsch und Englisch

19 Textaufgaben 4. Klasse
978-3-88100-019-2 | 6,90 EUR* | DIN-A5-Heft

74 Mathe trainieren 4. Klasse
978-3-88100-074-1 | 6,90 EUR* | DIN-A5-Heft

84 Tests in Mathe – Lernzielkontrollen 4. Klasse
978-3-88100-084-0 | 9,90 EUR** | DIN-A4-Heft

664 Quer durch die 4. Klasse, Mathe und Deutsch – Übungsblock
978-3-88100-664-4 | 6,90 EUR* | DIN-A5-Block

214 Grammatik 4. Klasse
978-3-88100-214-1 | 6,90 EUR* | DIN-A5-Heft

223 Aufsatz Deutsch 4. Klasse
978-3-88100-223-3 | 6,90 EUR* | DIN-A5-Heft

224 Bildergeschichte. Aufsatz 4./5. Klasse
978-3-88100-224-0 | 6,90 EUR* | DIN-A5-Heft

225 Erlebniserzählung. Aufsatz 4./5. Klasse
978-3-88100-225-7 | 6,90 EUR* | DIN-A5-Heft

254 Rechtschreiben und Diktate 4. Klasse
978-3-88100-254-7 | 6,90 EUR* | DIN-A5-Heft

274 Besser lesen 4. Klasse
978-3-88100-274-5 | 6,90 EUR* | DIN-A5-Heft

284 Tests in Deutsch – Lernzielkontrollen 4. Klasse
978-3-88100-284-4 | 9,90 EUR** | DIN-A4-Heft

294 Lesetests in Deutsch – Lernzielkontrollen 4. Klasse
978-3-88100-294-3 | 9,90 EUR** | DIN-A4-Heft

311 Mein buntes Vokabelheft. Englisch 3./4. Klasse
978-3-88100-045-1 | 6,90 EUR* | DIN-A5-Heft

674 Quer durch die 4. Klasse, Englisch – Übungsblock
978-3-88100-674-3 | 6,90 EUR* | DIN-A5-Block

Grundschule Hausaufgabenheft

700 Hausaufgabenheft
978-3-88100-700-9 | 3,90 EUR*** | DIN-A5-Heft

Selbstständig lernen, üben und testen
Seit über 40 Jahren in der Praxis erprobt

Leseproben, Inhaltsverzeichnisse und weitere Details zu allen Reihen unter **hauschkaverlag.de**

Weiterführende Schulen Mathematik, Deutsch und Englisch

24 Bruchrechnen ab 6. Klasse
978-3-88100-024-6 | 6,90 EUR* | DIN-A5-Heft

44 Flächenberechnung – Umfang und Fläche von Rechteck u. Quadrat
978-3-88100-044-4 | 6,90 EUR* | DIN-A5-Heft

60 Textaufgaben Mittel-/Hauptschule 5. Klasse
978-3-88100-060-4 | 6,90 EUR* | DIN-A5-Heft

65 Prozentrechnen 6.–9. Klasse
978-3-88100-065-9 | 6,90 EUR* | DIN-A5-Heft

155 Rechnen und Textaufgaben – Gymnasium 5. Klasse
978-3-88100-155-7 | 6,90 EUR* | DIN-A5-Heft

156 Rechnen und Textaufgaben – Gymnasium 6. Klasse
978-3-88100-156-4 | 6,90 EUR* | DIN-A5-Heft

165 Rechnen und Textaufgaben – Realschule 5. Klasse
978-3-88100-165-6 | 6,90 EUR* | DIN-A5-Heft

215 Grammatik 5.–7. Klasse
978-3-88100-215-8 | 6,90 EUR* | DIN-A5-Heft

224 Bildergeschichte. Aufsatz 4./5. Klasse
978-3-88100-224-0 | 6,90 EUR* | DIN-A5-Heft

225 Erlebniserzählung. Aufsatz 4./5. Klasse
978-3-88100-225-7 | 6,90 EUR* | DIN-A5-Heft

226 Bericht. Aufsatz 5.–7. Klasse
978-3-88100-226-4 | 6,90 EUR* | DIN-A5-Heft

228 Inhaltsangabe. Aufsatz 7.–9. Klasse
978-3-88100-228-8 | 6,90 EUR* | DIN-A5-Heft

230 Erörterung. Aufsatz 8.–11. Klasse
978-3-88100-230-1 | 6,90 EUR* | DIN-A5-Heft

245 Diktate 5./6. Klasse
978-3-88100-245-5 | 6,90 EUR* | DIN-A5-Heft

260 Rechtschreibtraining ab 5. Klasse und für Erwachsene
978-3-88100-046-8 | 6,90 EUR* | DIN-A5-Heft

261 Zeichensetzung ab 6. Klasse und für Erwachsene
978-3-88100-047-5 | 6,90 EUR* | DIN-A5-Heft

301 Present: Progressive & Simple Englisch 5. Klasse
978-3-88100-301-8 | 6,90 EUR* | DIN-A5-Heft

303 Frage und Verneinung. Englisch ab 6. Klasse und für Erwachsene
978-3-88100-303-2 | 6,90 EUR* | DIN-A5-Heft

305 Simple Past & Present Perfect. Englisch ab 6. Kl. u. für Erwachsene
978-3-88100-305-6 | 6,90 EUR* | DIN-A5-Heft

321 Wichtige Grammatikbereiche. Englisch 5. Klasse
978-3-88100-321-6 | 6,90 EUR* | DIN-A5-Heft

322 Wichtige Grammatikbereiche. Englisch 6. Klasse
978-3-88100-322-3 | 6,90 EUR* | DIN-A5-Heft

323 Wichtige Grammatikbereiche. Englisch 7. Klasse
978-3-88100-323-0 | 6,90 EUR* | DIN-A5-Heft

341 Diktate und Übersetzungen. Englisch 5. Klasse
978-3-88100-341-4 | 6,90 EUR* | DIN-A5-Heft

342 Diktate und Übersetzungen. Englisch 6. Klasse
978-3-88100-342-1 | 6,90 EUR* | DIN-A5-Heft

- gezielt fördern
- selbständig lernen
- von Kindern getestet
- motiviert üben und wiederholen
- Qualität durch über 40 Jahre Erfahrung

* 7,10 EUR [A] | 8,30 CHF

hauschkaverlag

einfach besser lernen

Hauschka Verlag · Inh. Thomas Wolf · Lilienthalstraße 1 · 82178 Puchheim
Tel. +49 89 1416013 · Fax +49 89 1416015 · info@hauschkaverlag.de · **www.hauschkaverlag.de**

55

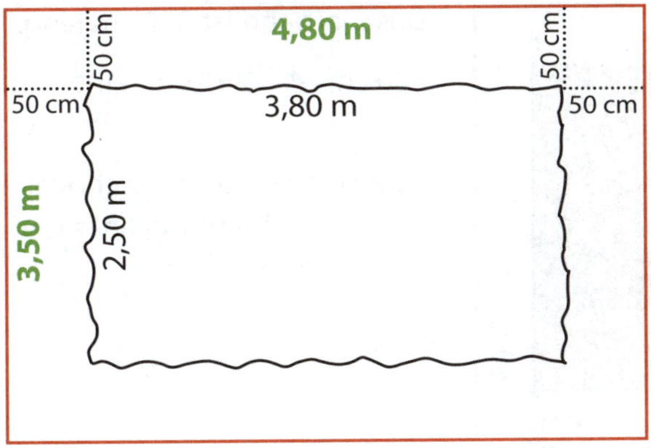

3,80 m + 1,00 m = **4,80 m**
2,50 m + 1,00 m = **3,50 m**

u = 2 · a + 2 · b
u = 2 · 4,80 m + 2 · 3,50 m
u = 9,60 m + 7,00 m
u = **16,60 m**

oder:

3,80 m · 2 = 7,60 m
2,50 m · 2 = 5,00 m

7,60 m (zwei Längsseiten der Baugrube)
5,00 m (zwei Breitseiten der Baugrube)
\+ 4,00 m (8 · 50 cm an den Ecken)
16,60 m

16,60 m muss das rote Band lang sein.

56

3 000 €
− 230 €
2770 € (Zaunkosten)

2770 € : 20 € = **138,5**
− 20
77
− 60
170
− 160
100
− 100
0

Der Zaun ist **138,5 m** lang.

138,50 m (Zaunlänge)
\+ 1,50 m (Gartentürchen)
140,00 m (Umfang)

140 m : 4 = **35 m**

35 m ist die Seitenlänge des Grundstücks.

57

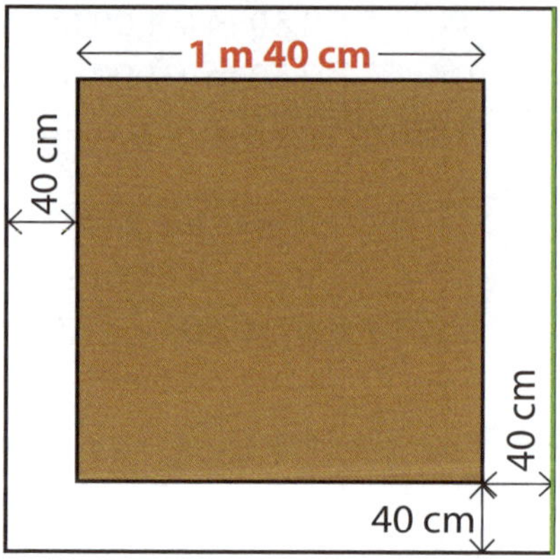

Das Zierband ist 880 cm lang.

880 cm : 4 = **220 cm** (eine Seite der Tischdecke)

  220 cm (Seite der Tischdecke)
– 80 cm (Überhang links und rechts)
140 cm

oder:

  880 cm (Umfang der Tischdecke)
– 320 cm (8 · 40 cm)
560 cm (Umfang des Tisches)

560 cm : 4 = **140 cm**

1,40 m ist jede Seite des Tisches lang.

58 Angaben in cm:

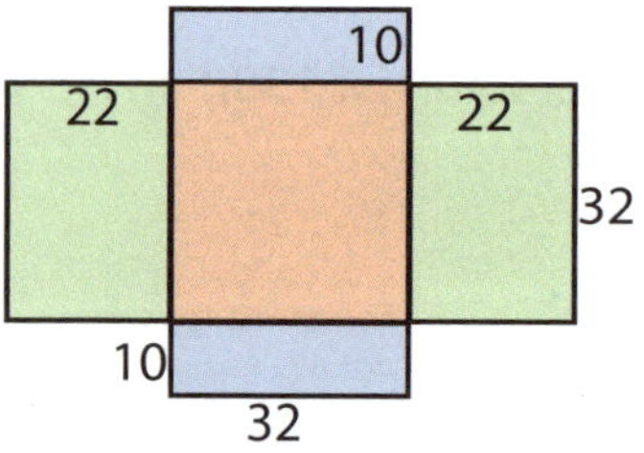

grüne Teilfiguren:

$A_{grün}$ = 22 cm · 32 cm = 704 cm²

2 · 704 cm² = **1408 cm²**

blaue Teilfiguren:

A_{blau} = 32 cm · 10 cm = 320 cm²

2 · 320 cm² = **640 cm²**

rote Teilfigur:

A_{rot} = 32 cm · 32 cm = **1024 cm²**

  1408 cm²
  640 cm²
+ 1024 cm²
3072 cm²

3072 cm² ist der Flächeninhalt der Gesamtfigur.

59

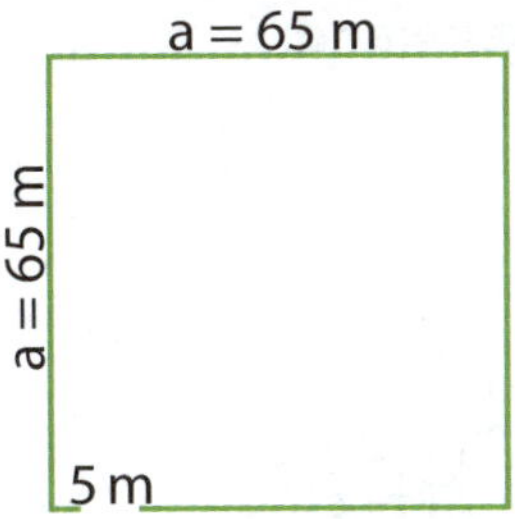

$u = 4 \cdot a$
$= 4 \cdot 65\text{ m} = \mathbf{260\text{ m}}$

Umfang:	260 m
– Zufahrt:	– 5 m
Zaunlänge:	**255 m**

dreifach gezogener Zaun: $3 \cdot 255\text{ m} = \mathbf{765\text{ m}}$

765 m Stacheldraht werden gebraucht.

$255\text{ m} : 5\text{ m} = 51$ 51 Pfosten + 1 Anfangspfosten = **52 Pfosten**

52 Pfosten werden insgesamt gebraucht.

60 **Rechteck**

Länge	**0,75 cm**	**3 mm**	**6 m**
Breite	75 cm	2,1 mm	**5 m**
Fläche	56,25 cm^2	**6,3 mm^2**	30 m^2
Umfang	**151,5 cm**	10,2 mm	22 m

Quadrat

Seite	5,5 cm	**11 dm**	**27 m**
Fläche	**30,25 cm^2**	121 dm^2	**729 m^2**
Umfang	**22 cm**	**44 dm**	108 m

61

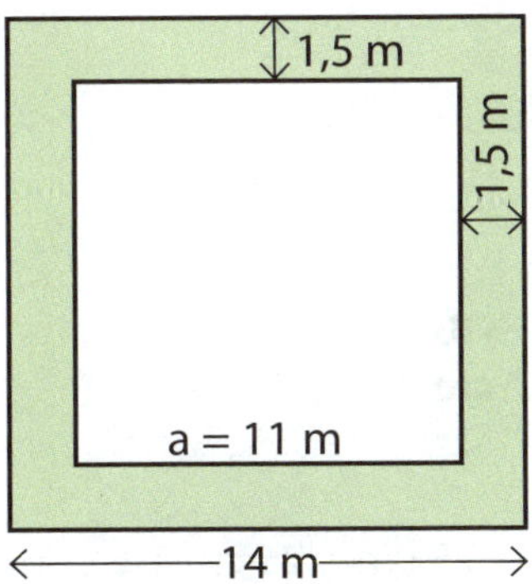

$14\text{ m} \cdot 14\text{ m} = 196\text{ m}^2$ (gesamte Fläche der Anlage)

$11\text{ m} \cdot 11\text{ m} = 121\text{ m}^2$ (Fläche des Wasserbeckens)

196 m^2	
– 121 m^2	
75 m^2 (Fläche des Weges)	$75 \cdot 20$ €
	1500 €

Der Weg kostet **1500 €**.

62 **Fläche** der **Längswand**:

2,4 m · 1,5 m
24
1 20
3,60 m²

Fläche der **Breitwand**:

1,8 m · 1,5 m
1 8
90
2,70 m²

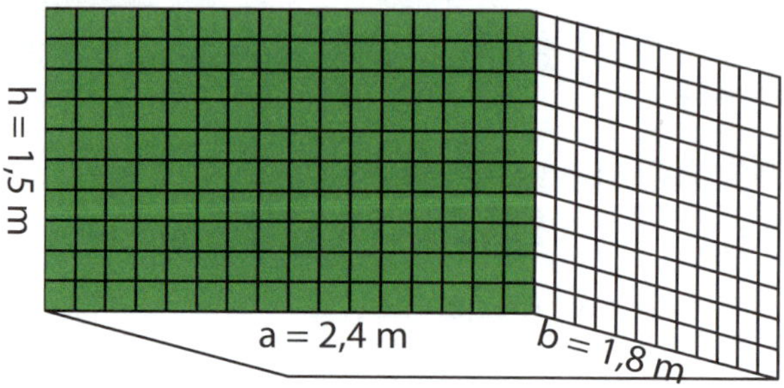

Die **gesamte** Fläche, die gefliest wird:

$3{,}60\ \text{m}^2 + 2{,}70\ \text{m}^2 =$ **$6{,}30\ \text{m}^2$** $= 630\ \text{dm}^2 = 63\,000\ \text{cm}^2$

Fläche einer **Fliese**:

15 cm · 15 cm
15
75
225 cm²

$63\,000\ \text{cm}^2 : 225\ \text{cm}^2 =$ **280**
– 450
1800
– 1800
00

oder:

240 cm : 15 cm = **16 Fliesen** pro Reihe (Längswand)
180 cm : 15 cm = **12 Fliesen** pro Reihe (Breitwand)
16 + 12 = **28 Fliesen** pro Reihe (Längs- und Breitwand)
150 cm : 15 cm = **10 Reihen**
28 · 10 = **280**

280 Fliesen werden gebraucht.

63

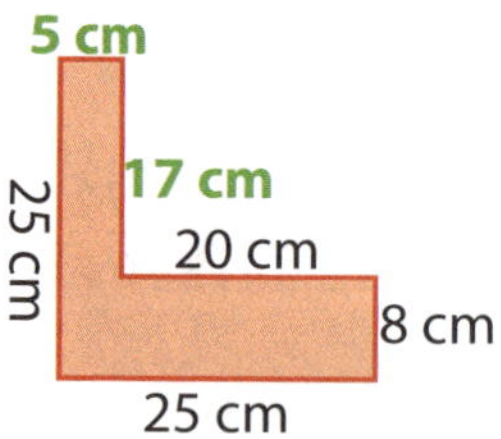

25 cm – 20 cm = **5 cm**
25 cm – 8 cm = **17 cm**

u = 20 cm + 8 cm + 25 cm + 25 cm + 5 cm + 17 cm
u = **100 cm**

Der Umfang ist **100 cm** groß.

64

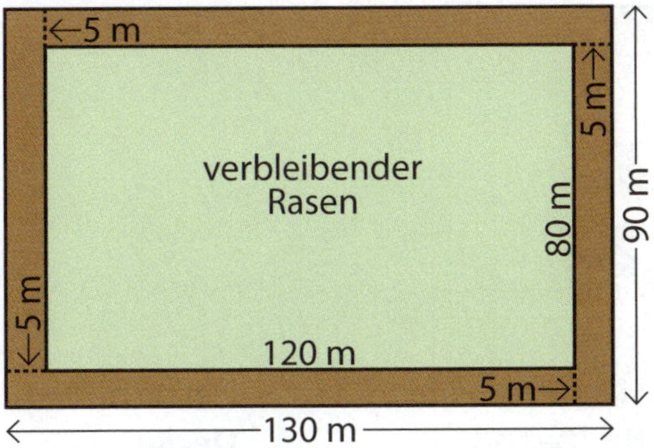

Rechteckige Rasenfläche:

$A = a \cdot b$

$A = 130\ m \cdot 90\ m$

$A = \mathbf{11\,700\ m^2}$

Fläche des **verbleibenden Rasens**:

$A = 120\ m \cdot 80\ m$

$A = \mathbf{9600\ m^2}$

Fläche des **Weges**:

$$\begin{array}{r} 11\,700\ m^2 \\ -\ \ 9600\ m^2 \\ \hline \mathbf{2100\ m^2} \end{array}$$

Kosten des **Weges**:

2100 · 8 € = **16 800 €**

16 800 € kostet das Anlegen des Weges.

65

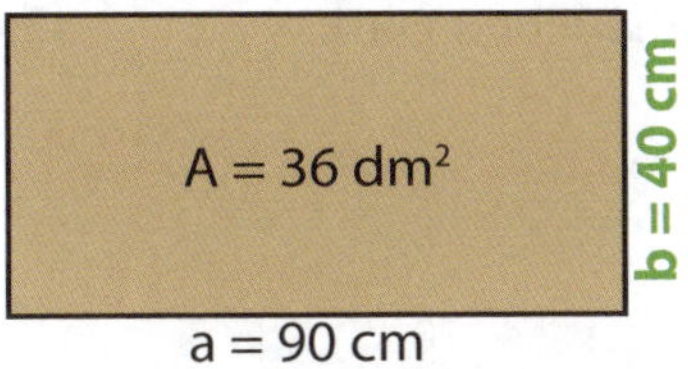

$A = 36\ dm^2 = 3600\ cm^2$

$3600\ cm^2 : 90\ cm = \mathbf{40\ cm}$ (Breite des Holzbretts)

$40\ cm : 5\ cm = \mathbf{8}$ (Streifen)

Bastian bekommt insgesamt **8 Streifen**.

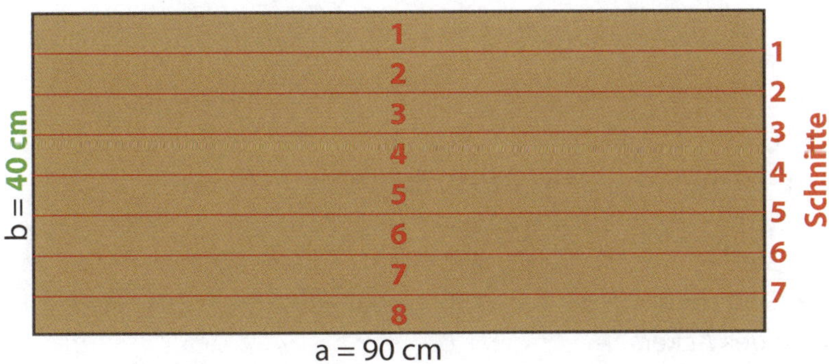

Bastian muss das Holzbrett **7-mal** sägen, damit **8 Streifen** entstehen.

66

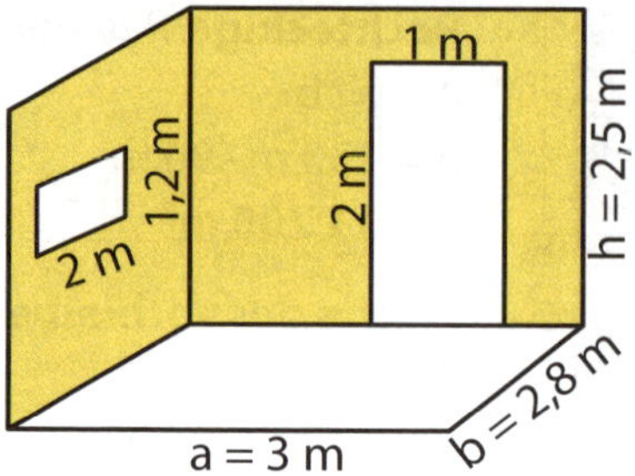

Fläche einer **Längswand**:
$3\text{ m} \cdot 2{,}5\text{ m} = 7{,}5\text{ m}^2$

Fläche einer **Breitwand**:
$2{,}8\text{ m} \cdot 2{,}5\text{ m} = 7\text{ m}^2$

Fläche der **Decke**:
$3\text{ m} \cdot 2{,}8\text{ m} = 8{,}4\text{ m}^2$

Fläche des **Fensters**:
$2\text{ m} \cdot 2{,}1\text{ m} = 2{,}4\text{ m}^2$

Fläche der **Tür**:
2 m^2

Fläche der beiden Längswände:	$15{,}00\text{ m}^2$
Fläche der beiden Breitwände:	$14{,}00\text{ m}^2$
Fläche der Decke:	$+\ 8{,}40\text{ m}^2$
Gesamtfläche:	$37{,}40\text{ m}^2$
– Fenster:	$2{,}40\text{ m}^2$
– Tür:	$-\ 2{,}00\text{ m}^2$
Fläche, die gestrichen wird:	**$33{,}00\text{ m}^2$**

Preis:

4,10 € · 33
1230
1230
135,30 €

135,30 € muss Julias Vater dem Maler bezahlen.

67

$A = a \cdot b$

270 m · 85 m
2160
1350
22950 m^2
(Fläche des Ackers)

$22950\text{ m}^2 : 75\text{ m} =$ **306 m**
– 225
450
– 450
0

Der Acker muss **306 m** lang sein.

68

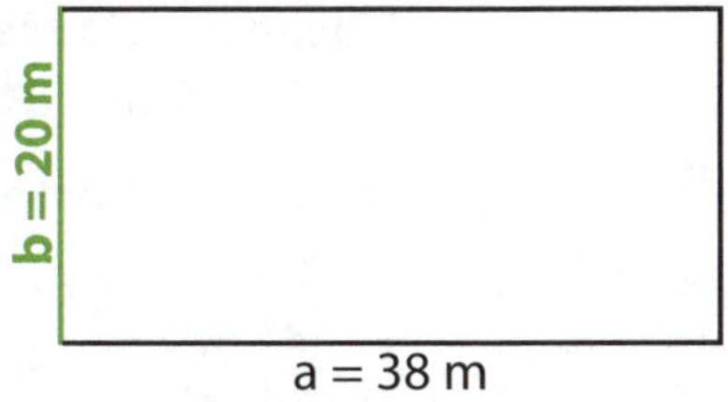

Der **halbe** Umfang ist:
116 m : 2 = 58 m

Die **Breite** ist also:
58 m – 38 m = **20 m**

Fläche des **rechteckigen** Grundstücks:
38 m · 20 m = **760 m²**

Fläche des **quadratischen** Grundstücks:

```
29 m · 29 m
      58
      261
      841 m²
```

Seite des **quadratischen** Grundstücks:
116 m : 4 = **29 m**

```
  841 m² (quadratisches Grundstück)
– 760 m² (rechteckiges Grundstück)
   81 m²
```

Um **81 m²** ist die Fläche des quadratischen Grundstücks größer.

69 **Fläche** des **Vorplatzes**:

```
3,5 m · 1,6 m
      3 5
      2 10
      5,60 m² = 560 dm² = 56 000 cm²
```

Fläche einer **Platte**:

```
16 cm · 14 cm
         16
          64
         224 cm²
```

```
  56000 cm² : 224 cm² = 250
– 448
  1120
– 1120
     00
```

250 Platten werden gebraucht.

Preis der Platten:

```
24,50 € · 5,6
   122 50
    14 700
  137,200 €
```

Preis der Platten:	137,20 €
Frachtkosten:	+ 12,55 €
Gesamtkosten:	**149,75 €**

149,75 € kostet die gesamte Lieferung.

70

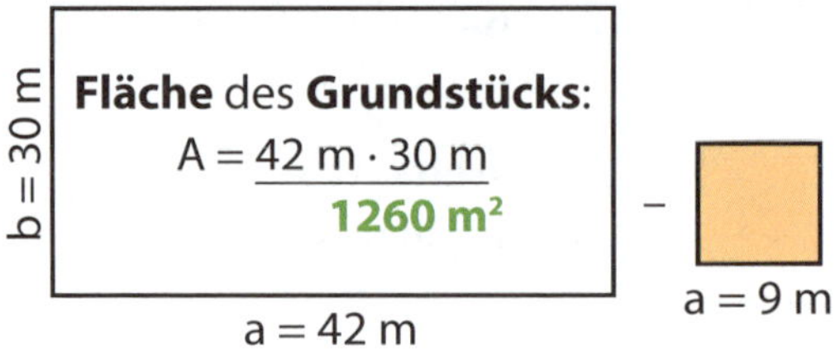

Fläche des **Hauses**:

$A = 9\text{ m} \cdot 9\text{ m} = $ **81 m²**

Fläche des **Gartens**:

$$\begin{array}{r} 1260\text{ m}^2 \\ -\quad 81\text{ m}^2 \\ \hline \mathbf{1179\text{ m}^2} \end{array}$$

Der Garten ist **1179 m²** groß.

71

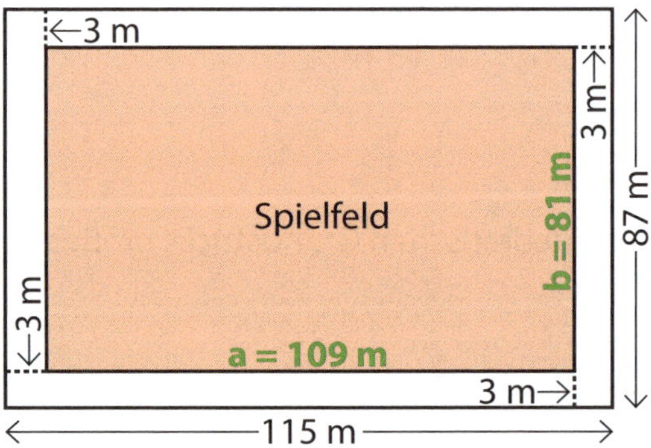

Fläche des **eigentlichen Spielfeldes**:

$a = 115\text{ m} - 6\text{ m} = $ **109 m**

$b = 87\text{ m} - 6\text{ m} = $ **81 m**

$$\begin{array}{r} A = 109\text{ m} \cdot 81\text{ m} \\ \hline 872 \\ 109 \\ \hline \mathbf{8829\text{ m}^2} \end{array}$$

Die Fläche des eigentlichen Spielfeldes ist **8829 m²** groß.

72

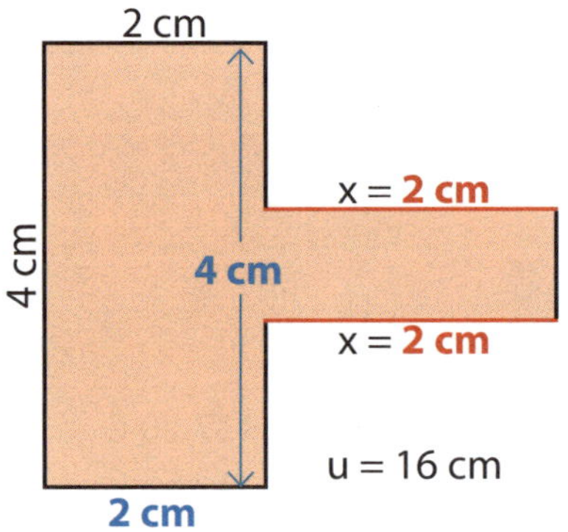

16 cm – 4 cm – 2 cm – **2 cm** – **4 cm** =
4 cm

x = 4 cm : 2

x = **2 cm**

Die fehlenden Seiten **x** sind jeweils **2 cm** lang.

73

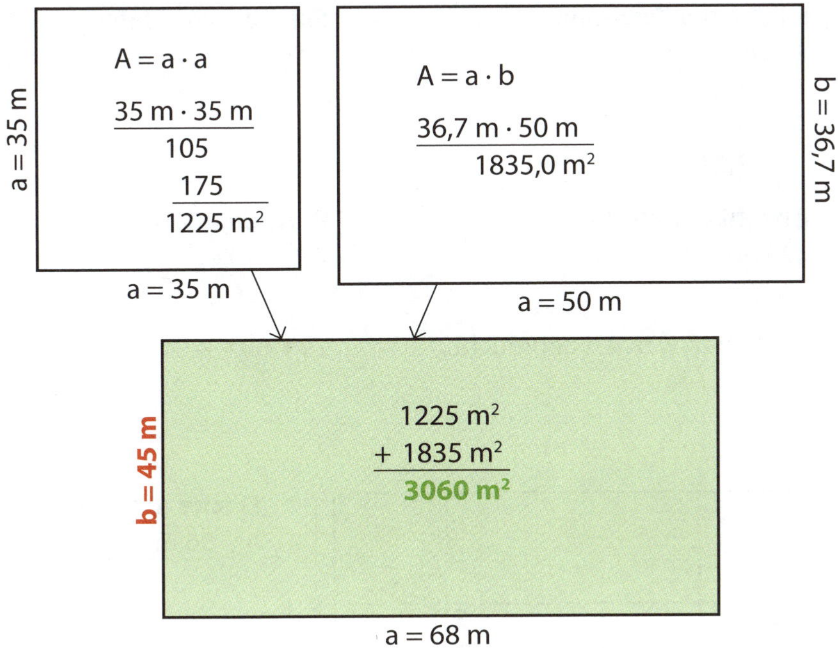

$3060\ m^2 : 68\ m = $ **45 m**

-272

340

-340

0

45 m ist der eingetauschte Bauplatz breit.

74

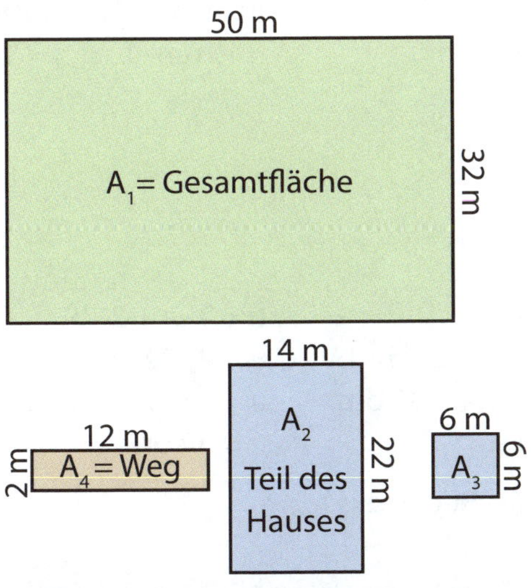

$A_1 = 50\ m \cdot 32\ m = $ **1600 m²**

$A_2 = 22\ m \cdot 14\ m = $ **308 m²**

$A_3 = 6\ m \cdot 6\ m = $ **36 m²**

$A_4 = 12\ m \cdot 2\ m = $ **24 m²**

$1600\ m^2$

$308\ m^2$

$36\ m^2$

$-\ 24\ m^2$

1232 m²

1232 m² ist die Rasenfläche.

75 **Fläche** der **Terrasse**:

2,7 m · 2,7 m
 54
 189
7,29 m² = 729 dm²

Fläche einer **Platte**:

30 cm · 30 cm
900 cm² = 9 dm²

Anzahl der **Platten**:

729 dm² : 9 dm² = **81**

Preis der **Platten**:

7,29 · 40 €
291,60 €

81 Platten werden gebraucht.

291,60 € kosten die Platten.

76

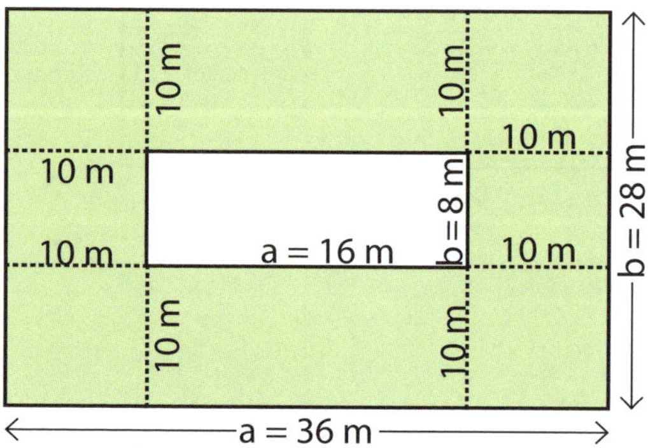

Fläche des Grundstücks:

A = 36 m · 28 m
 72
 288
1008 m²

Das ganze Grundstück ist **1008 m²** groß.

77 u = 64 dm

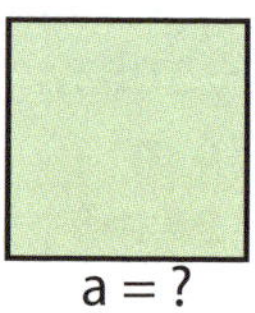

u = 4 · a
a = 64 dm : 4
a = 16 dm

Fläche des **Quadrats**:

A = 16 dm · 16 dm = **256 dm²**

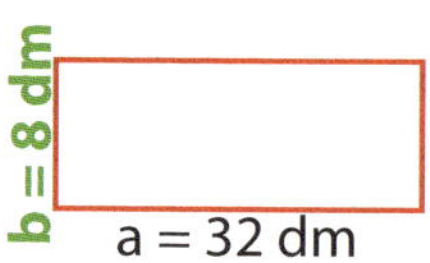

A = a · b
256 dm² = 32 dm · b
b = 256 dm² : 32 dm
b = **8 dm**

u = 2 · a + 2 · b
u = 2 · 32 dm + 2 · 8 dm
u = 64 dm + 16 dm
u = **80 dm**

80 dm beträgt der Umfang des Rechtecks.

78

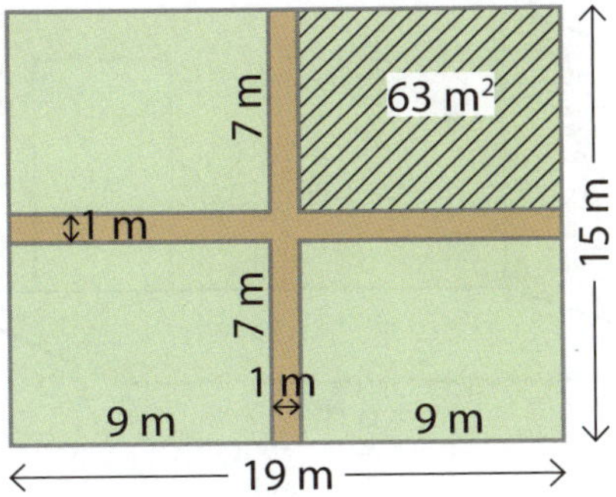

Fläche **eines** Rasenstücks:
A = 9 m · 7 m = **63 m²**

Fläche des **ganzen** Rasens:
63 m² · 4 = **252 m²**

252 m² ist die Fläche des Rasens groß.

79 **Fläche** des **Spiegels**:
A = 55 cm · 70 cm = **3850 cm²**

Fläche des Spiegels mit Rahmen:
A = 67 cm · 82 cm = **5494 cm²**

Fläche des **Rahmens**:

$$\begin{array}{r} 5494\ \text{cm}^2 \\ -\ 3850\ \text{cm}^2 \\ \hline \mathbf{1644\ cm^2} \end{array}$$

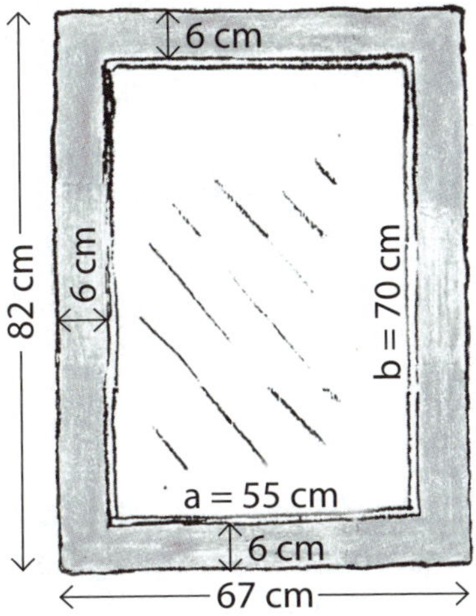

1644 cm² ist die Fläche des Rahmens.

80

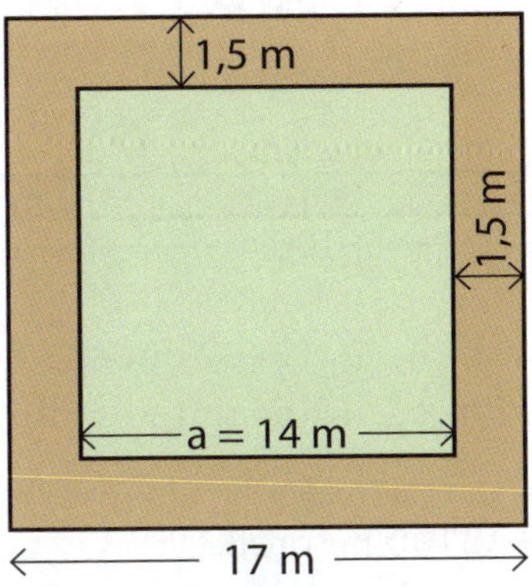

17 m · 17 m = 289 m² (gesamte Fläche der Anlage)

14 m · 14 m = **196 m²** (Fläche des Wasserbeckens)

$$\begin{array}{r} 289\ \text{m}^2 \\ -\ 196\ \text{m}^2 \\ \hline \mathbf{93\ m^2} \end{array}$$

(Fläche des Weges)

$$\begin{array}{r} 30\ € \cdot 93 \\ \hline 270 \\ 90 \\ \hline \mathbf{2790\ €} \end{array}$$

2790 € kostet der Weg.

81 **Fläche** der beiden **Längswände**:

6 m · 3 m = 18 m²

18 m² · 2 = **36 m²**

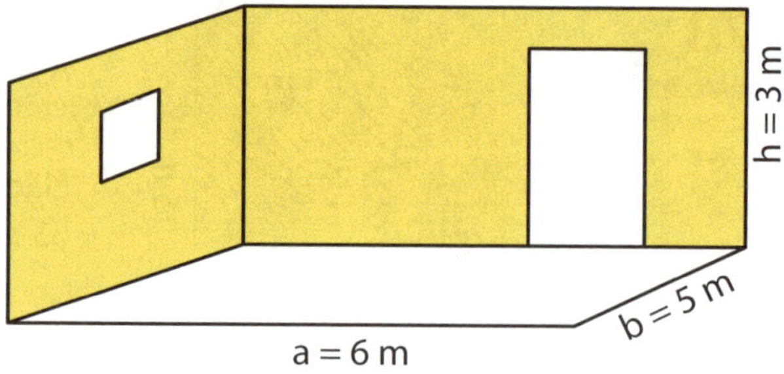

Fläche der beiden **Breitwände**:

5 m · 3 m = 15 m²

15 m² · 2 = **30 m²**

Fläche der **Decke**:

6 m · 5 m = **30 m²**

Fläche der beiden Längswände:	36 m²
Fläche der beiden Breitwände:	30 m²
Fläche der Decke:	+ 30 m²
Gesamtfläche:	96 m²
– Türe und Fenster:	– 4 m²
	92 m²

Die Fläche, die gestrichen wird, ist **92 m²** groß.

82 106 m – 6 m = **100 m**
(Länge des verbleibenden Rasens)

87 m – 6 m = **81 m**
(Breite des verbleibenden Rasens)

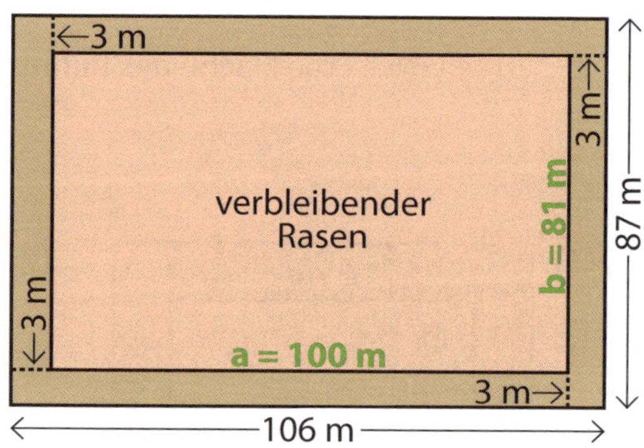

Fläche des verbleibenden Rasens:

100 m · 81 m = **8100 m²**

Die Fläche des verbleibenden Rasens ist **8100 m²** groß.

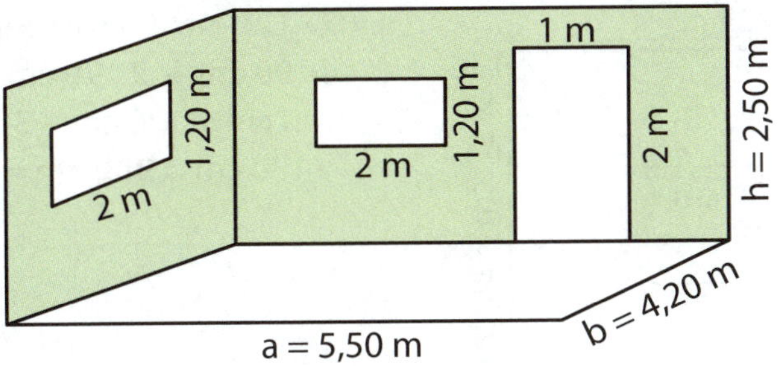

Fläche der beiden **Längswände**:
5,50 m · 2,50 m = 13,75 m²
13,75 m² · 2 = 27,5 m²

Fläche der beiden **Breitwände**:
4,20 m · 2,50 m = 10,5 m²
10,5 m² · 2 = 21 m²

Fläche der **Decke**:
5,50 m · 4,20 m = 23,1 m²

Fläche der beiden **Fenster**:
2 m · 1,20 m = 2,4 m²
2,4 m² · 2 = 4,8 m²

Fläche der beiden Längswände:	27,5 m²
Fläche der beiden Breitwände:	21,0 m²
Fläche der Decke:	+ 23,1 m²
Gesamtfläche:	71,6 m²
– Fenster:	4,8 m²
– Tür:	– 2,0 m²
Die Fläche, die gestrichen wird:	**64,8 m²**

Kosten für **Farbe**:
64,8 · 0,75 € = **48,60 €**

Die Farbe kostet **48,60 €**.

84

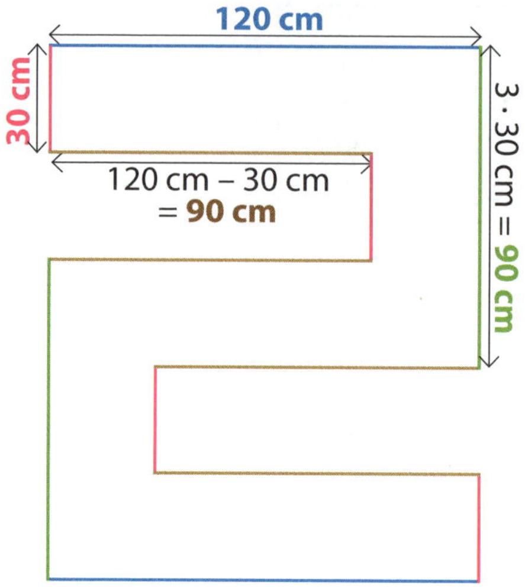

u = 2 · **120 cm** + 4 · **30 cm** +
4 · **90 cm** + 2 · **90 cm** =
240 cm + 120 cm + 360 cm
+ 180 cm = **900 cm** = **9 m**

Der Umfang beträgt **9 m**.

85 110 m : 2 = **55 m** (ist halber Umfang)
a + b = 55 m
30 m + b = 55 m
b = 55 m – 30 m = **25 m**

55 m (ist halber Umfang)
– 30 m (ist die Länge des Bauplatzes)
25 m

oder:
110 m (Umfang)
– 60 m (2 Längsseiten)
50 m (2 Breitseiten)

50 m : 2 = **25 m** (eine Breite)

25 m ist der Bauplatz breit.

86 $A = a \cdot a$

$A = 5\,m \cdot 5\,m = \mathbf{25\,m^2}$

$40\,€ \cdot 25 = \mathbf{1000\,€}$

1000 € kostet der Teppichboden.

87 **Fläche** des **Fußballtors**:

$A = a \cdot b$

$A = 7{,}32\,m \cdot 2{,}44\,m$

1464

2928

2928

17,8608 m²

17,8608 m² hat Jan, der Fußballtorwart, zu schützen.

Fläche des **Eishockeytors**:

$A = a \cdot b$

$A = 1{,}83\,m \cdot 1{,}22\,m$

183

366

366

2,2326 m²

Fläche des **Hockeytors**:

$A = a \cdot b$

$A = 2{,}14\,m \cdot 3{,}66\,m$

642

1284

1284

7,8324 m²

Ein **Eishockeytorwart** hat die kleinste Fläche von nur **2,2326 m²** zu schützen.

88 $u = 2 \cdot a + 2 \cdot b$

$u = 2 \cdot 4{,}20\ m + 2 \cdot 4{,}85\ m$

$u = 8{,}40\ m + 9{,}70\ m$

u = **18,10 m** (Umfang des Zimmers)

$$\begin{array}{rl} & 18{,}10\ \text{m} \\ - & 2{,}00\ \text{m (Breite der beiden Türen)} \\ \hline & \mathbf{16{,}10\ m}\ \text{(benötigte Sockelleisten)} \end{array}$$

Die 16 m Sockelleisten **reichen nicht**. Es fehlen 10 cm.

89

$u = 4 \cdot a$

$u = 4 \cdot 3{,}6\ m$

u = **14,4 m**

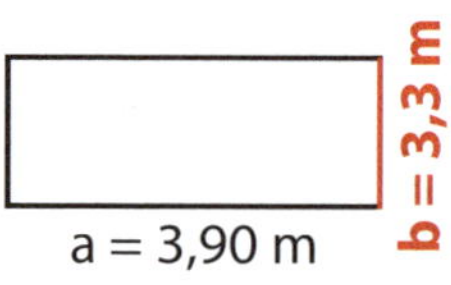

$$\begin{array}{rl} & 14{,}4\ \text{m (Umfang)} \\ - & 7{,}8\ \text{m (zwei Längsseiten)} \\ \hline & \mathbf{6{,}6\ m}\ \text{(zwei Breitseiten)} \end{array}$$

6,6 m : 2 = **3,3 m**

oder:

$$\begin{array}{rl} & 7{,}2\ \text{m (halber Umfang)} \\ - & 3{,}9\ \text{m (Länge)} \\ \hline & \mathbf{3{,}3\ m} \end{array}$$

3,3 m ist das Rechteck breit.

90 **Rechteck**

Länge	**12 km**	80 cm	**4 m**
Breite	45 km	**0,8 cm**	**3 m**
Fläche	**540 km²**	64 cm²	12 m²
Umfang	114 km	**161,6 cm**	14 m

Quadrat

Seite	11,1 m	**12 dm**	**40 mm**
Fläche	**123,21 m²**	144 dm²	**1600 mm²**
Umfang	**44,4 m**	**48 dm**	160 mm

91 $A = a \cdot b$

$A = 297\ mm \cdot 210\ mm$

$A =$ **62 370 mm² = 623,7 cm²** (Fläche des DIN-A4-Blatts)

623,7 cm² : 2 = **311,85 cm²**

oder:

297 mm : 2 = 148,5 mm (halbe Längsseite des DIN-A4-Blatts)

Fläche des **DIN-A5-Blatts**:

$A = a \cdot b$

$A = 148{,}5\ mm \cdot 210\ mm$

$A =$ **31 185 mm² = 311,85 cm²**

311,85 cm² ist ein DIN-A5-Blatt groß.

92 **Fläche** des Bauplatzes:

96 000 € : 150 € – **640**

640 m² (Fläche des Bauplatzes)

Länge des Bauplatzes:

640 m² : 20 m – **32 m**

32 m ist der Bauplatz lang.

93

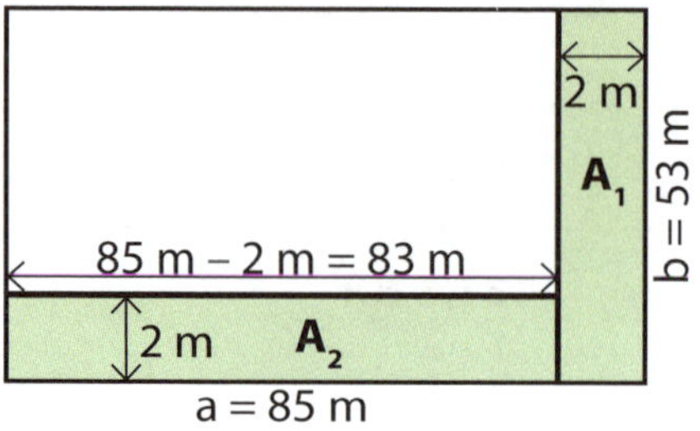

A_1
$53\ m \cdot 2\ m = 106\ m^2$

A_2
$83\ m \cdot 2\ m = 166\ m^2$

Fläche des **Radwegs** ($A_1 + A_2$):

  106 m²
+ 166 m²
272 m²

36,50 € · 272
7300
25550
7300
9928,00 €

oder:

ursprüngliche **Fläche** der rechteckigen **Wiese** ohne Fahrradweg:

$A = a \cdot b$
$A = 85\ m \cdot 53\ m$
$A =$ **4505 m²**

Fläche der Wiese, nachdem der Fahrradweg angelegt wurde:
85 m – 2 m = 83 m (Länge der Wiese)
53 m – 2 m = 51 m (Breite der Wiese)

$A = a \cdot b$
$A = 83\ m \cdot 51\ m$
$A =$ **4233 m²**

Fläche des **Radwegs**:

  4505 m²
– 4233 m²
272 m²

Höhe der **Entschädigung**:

36,50 € · 272
7300
25550
7300
9928,00 €

9928,00 € bekommt der Eigentümer als Entschädigung.

94 $a = 17\ \text{m} + 2 \cdot 5\ \text{m} = \mathbf{27\ m}$

$b = 21\ \text{m} + 2 \cdot 5\ \text{m} = \mathbf{31\ m}$

Länge des **Zauns**:

$u = 2 \cdot a + 2 \cdot b$

$u = 2 \cdot 27\ \text{m} + 2 \cdot 31\ \text{m}$

$u = 54\ \text{m} + 62\ \text{m}$

$u = \mathbf{116\ m}$

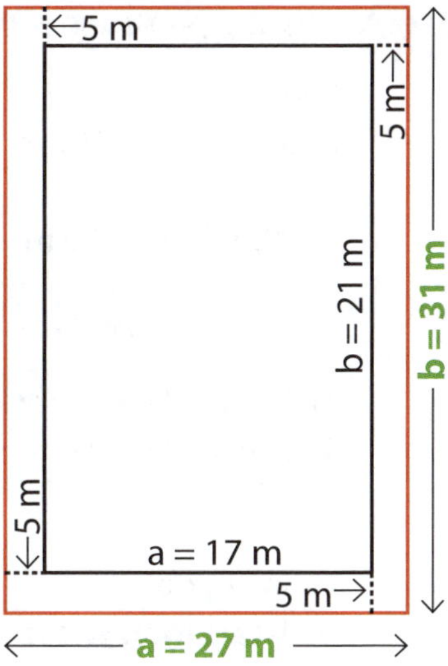

Der Zaun ist **116 m** lang.

95

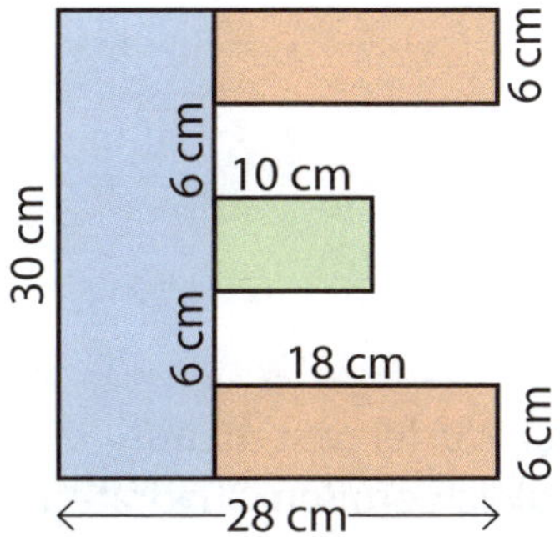

blaue Teilfigur:

$A_{blau} = 30\ \text{cm} \cdot (28\ \text{cm} - 18\ \text{cm})$

$A_{blau} = 30\ \text{cm} \cdot 10\ \text{cm}$

$A_{blau} = \mathbf{300\ cm^2}$

rote Teilfiguren:

$A_{rot} = 6\ \text{cm} \cdot 18\ \text{cm} = 108\ \text{cm}^2$

$2 \cdot 108\ \text{cm}^2 = \mathbf{216\ cm^2}$

grüne Teilfigur:

$A_{grün} = 10\ \text{cm} \cdot (30\ \text{cm} - 4 \cdot 6\ \text{cm})$

$A_{grün} = 10\ \text{cm} \cdot (30\ \text{cm} - 24\ \text{cm})$

$A_{grün} = 10\ \text{cm} \cdot 6\ \text{cm}$

$A_{grün} = \mathbf{60\ cm^2}$

$$\begin{array}{r} 300\ \text{cm}^2 \\ 216\ \text{cm}^2 \\ +\ \ 60\ \text{cm}^2 \\ \hline \mathbf{576\ cm^2} \end{array}$$

576 cm² ist der Flächeninhalt der Gesamtfigur.

96 1 ha 44 a = 14 400 m^2

Länge der **rechteckigen Wiese**:

$$A = a \cdot b$$
$$14\,400\ m^2 = a \cdot 90\ m$$
$$a = 14400\ m^2 : 90\ m$$
$$a = \mathbf{160\ m}$$

Seitenlänge der **quadratischen Wiese**:

$$A = a \cdot a$$
$$14\,400\ m^2 = a \cdot a$$
$$a = \mathbf{120\ m}$$

160 m ist die rechteckige Wiese lang.
120 m sind die Seiten der quadratischen Wiese lang.

Umfang der **rechteckigen Wiese**:

$u = 2 \cdot a + 2 \cdot b$
$u = 2 \cdot 160\ m + 2 \cdot 90\ m$
$u = 320\ m + 180\ m$
$u = \mathbf{500\ m}$

Umfang der **quadratischen Wiese**:

$u = 4 \cdot a$
$u = 4 \cdot 120\ m$
$u = \mathbf{480\ m}$

$$\begin{array}{r} 500\ m \\ -\ 480\ m \\ \hline \mathbf{20\ m} \end{array}$$

20 m Zaun bleiben übrig.

97

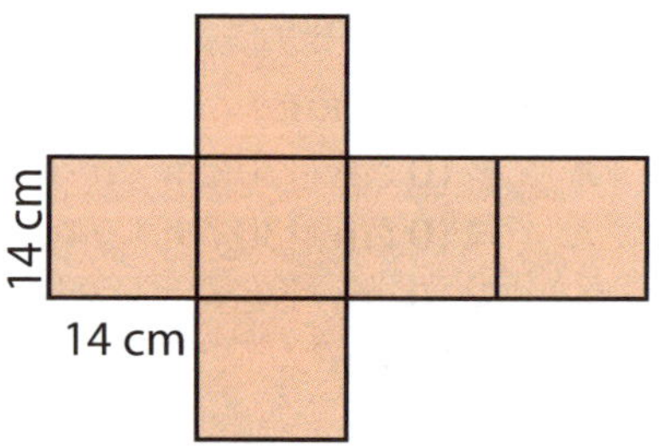

Der Würfel besteht aus 6 gleich großen Quadraten.

Fläche eines Quadrats:
$14\ cm \cdot 14\ cm = \mathbf{196\ cm^2}$

$196\ cm^2 \cdot 6 = \mathbf{1176\ cm^2} = \mathbf{11\ dm^2\ 76\ cm^2}$

Wir benötigen **11 dm^2 76 cm^2** Pappe.

98

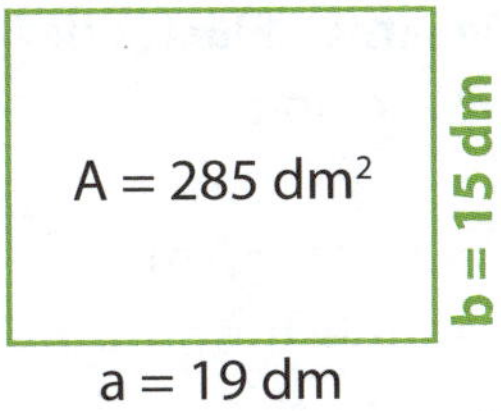

$A = a \cdot b$
$285\ dm^2 = 19\ dm \cdot b$
$b = 285\ dm^2 : 19\ dm$
$b = \mathbf{15\ dm}$

Umfang des **Rechtecks**:
$u = 2 \cdot a + 2 \cdot b$
$u = 2 \cdot 19\ dm + 2 \cdot 15\ dm$
$u = 38\ dm + 30\ dm$
$u = \mathbf{68\ dm}$

$u = 4 \cdot a$
$68\ dm = 4 \cdot a$
$a = 68\ dm : 4$
$a = \mathbf{17\ dm}$

Fläche des **Quadrats**:
$A = a \cdot a$
$A = 17\ dm \cdot 17\ dm$
$A = \mathbf{289\ dm^2}$

289 dm² ist der Flächeninhalt des Quadrats.

99 **Fläche** der **Garageneinfahrt**:
$A = a \cdot b$
$A = 5\ m \cdot 2{,}4\ m = \mathbf{12\ m^2} = \mathbf{1\,200\ dm^2}$

Fläche einer **Platte**:
$A = a \cdot a$
$A = 20\ cm \cdot 20\ cm = \mathbf{400\ cm^2} = \mathbf{4\ dm^2}$

$1200\ dm^2 : 4\ dm^2 = \mathbf{300}$

Es werden **300 Platten** gebraucht.

100

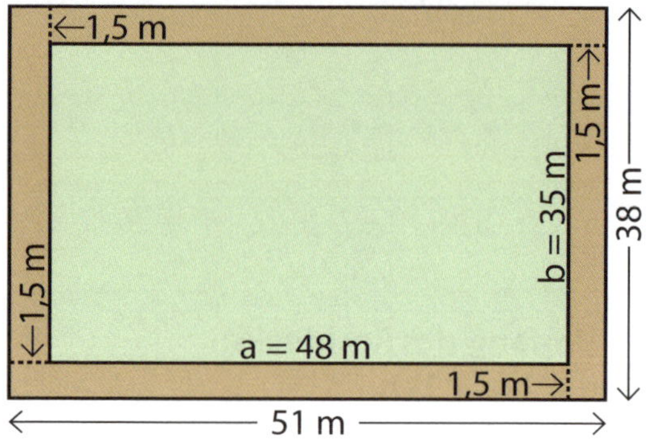

Gesamte Fläche der Anlage (Wiese und Weg):

$A = a \cdot b$

$A = 51\ m \cdot 38\ m$

$A = 1938\ m^2$

Fläche der **Rasenfläche**:

$A = a \cdot b$

$A = 48\ m \cdot 35\ m$

$A = \mathbf{1680\ m^2}$

Fläche des **Weges**:

$$\begin{array}{r} 1938\ m^2 \\ -\ 1680\ m^2 \\ \hline \mathbf{258\ m^2} \end{array}$$

Kosten für die **Ausbesserung**:

$$\begin{array}{r} 258 \cdot 35{,}50\ € \\ \hline 774 \\ 1290 \\ 12900 \\ \hline \mathbf{9159{,}00\ €} \end{array}$$

9159,00 € betragen die Kosten für die Ausbesserung des Weges.

101

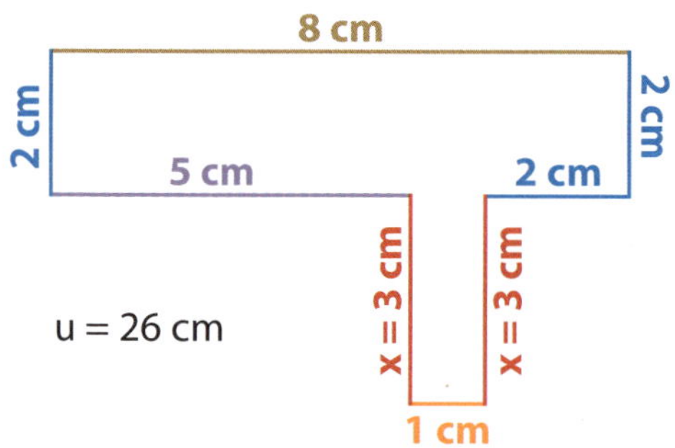

u = 26 cm

$26\ cm - 2\ cm - 2\ cm - 2\ cm - 8\ cm - 5\ cm - 1\ cm = \mathbf{6\ cm}$

$x = 6\ cm : 2$

$\mathbf{x = 3\ cm}$

Die fehlenden Seiten **x** sind jeweils **3 cm** lang.

56 Die gesamte Einzäunung für ein quadratisches Grundstück kostet 3000 €. Das Gartentürchen ist 1,50 m breit und kostet 230 €.

▸ Wie groß ist die Seite des Grundstücks, wenn ein laufender Meter Zaun 20 € kostet?

57 Auf einer quadratischen Tischplatte liegt eine Tischdecke, die jeweils 40 cm über den Tischrand hängt. Das grüne Zierband um die Decke herum ist 8,8 m lang.

▸ Wie lang ist die Seite des Tisches?

58 Berechne die Fläche dieser Figur.

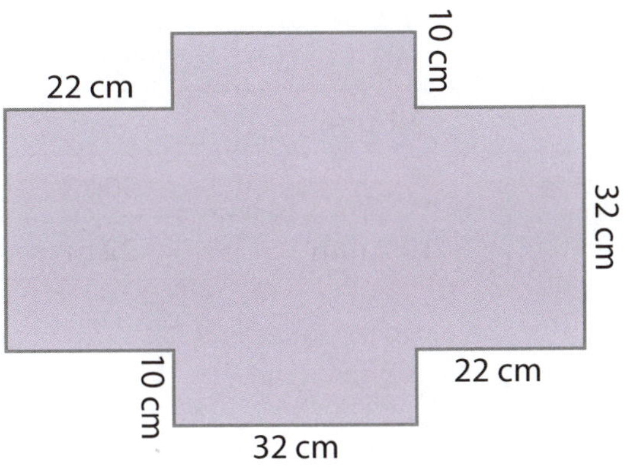

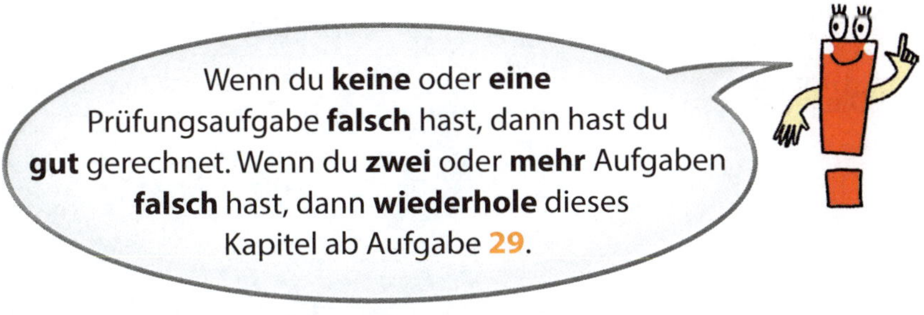

3. Kapitel: Endspurt für Könner

Schwierige gemischte Aufgaben

59 Landwirt Grün zieht um seinen quadratischen Obstgarten mit einer Seitenlänge von 65 m **dreifach** Stacheldraht. Auf einer Seite lässt er eine 5 m breite Zufahrt frei, die mit Stangen verschlossen wird. Er setzt alle 5 m einen Pfosten.

- Wie viele m Stacheldraht werden gebraucht?
- Wie viele Pfosten braucht er?

60 Ergänze die Tabelle.

Rechteck

Länge			
Breite	75 cm	2,1 mm	
Fläche	56,25 cm^2		30m^2
Umfang		10,2 mm	22 m

Quadrat

Seite	5,5 cm		
Fläche		121 dm^2	
Umfang			108 m

61 Um ein quadratisches Schwimmbecken, dessen Seitenlänge 11 m beträgt, wird ringsherum ein 1,5 m breiter Weg betoniert.

- Fertige eine Skizze an.
- Berechne die Kosten des Weges, wenn 1 m² 20 € kostet.

62 Das Badezimmer von Familie Kurz ist 2,4 m lang und 1,8 m breit. Es erhält an einer Längs- und einer Breitwand einen Fliesenbelag von 1,5 m Höhe. Die quadratischen Fliesen haben eine Seitenlänge von 15 cm.

- Wie viele Fliesen braucht man?

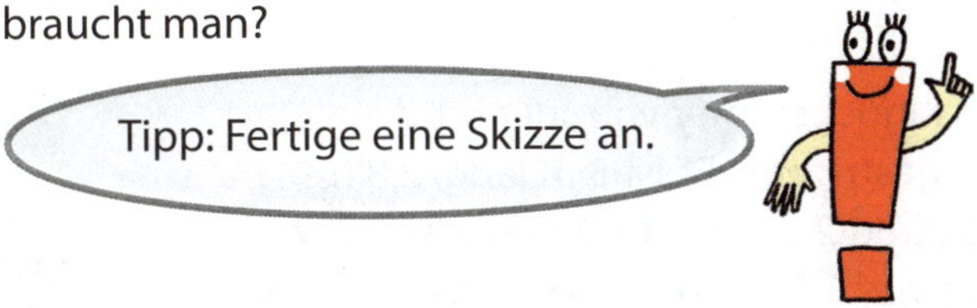

63 Berechne den Umfang folgender Figur. Die Längen sind in cm angegeben.

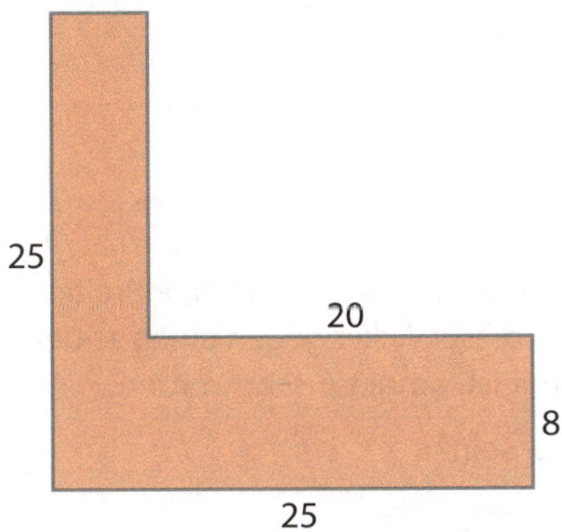

64 Von einer rechteckigen Rasenfläche, die 130 m lang und 90 m breit ist, soll ringsherum ein 5 m breiter Weg abgetrennt werden.

- Wie teuer ist das Anlegen des Weges, wenn 1 m^2 8 € kostet?
- Mache eine Skizze.

65 Bastian hat für den Werkunterricht ein 36 dm^2 großes, 90 cm langes Holzbrett gekauft. Er zersägt es in 5 cm breite und 90 cm lange Streifen.

- Wie viele solcher Streifen kann er bekommen?
- Wie oft muss er sägen?

66 Das Kinderzimmer von Julia wird neu gestrichen. Es ist 3 m lang, 2,8 m breit und 2,5 m hoch. Das Fenster ist 2 m lang und 1,2 m hoch, die Tür ist 1 m breit und 2 m hoch. Es werden die Wände und die Decke gestrichen.

- Wie viel muss Julias Vater dem Maler bezahlen, wenn dieser für 1 m^2 4,10 € berechnet?

67 Ein rechteckiger Acker hat eine Länge von 270 m und eine Breite von 85 m. Bei der Flurbereinigung soll dieser Acker gegen einen anderen gleich großen Acker, der 75 m breit ist, umgetauscht werden.

- Wie lang muss der andere Acker sein?

68 Ein rechteckiges und ein quadratisches Baugrundstück haben denselben Umfang, nämlich 116 m. Das rechteckige Grundstück ist 38 m lang.

▶ Um wie viele m^2 ist die Fläche des quadratischen Grundstücks größer als die Fläche des rechteckigen Grundstücks?

69 Ein rechteckiger Vorplatz einer Wohnung ist 3,50 m lang und 1,60 m breit. Er soll mit rechteckigen Bodenplatten, die 16 cm lang und 14 cm breit sind, gepflastert werden. 1 m^2 Bodenplatten kostet 24,50 €.

▶ Wie viele Platten werden gebraucht?

▶ Wie teuer ist die Lieferung, wenn zusätzlich 12,55 € für Transportkosten berechnet werden?

70 Auf einem rechteckigen Grundstück, das 42 m lang und 30 m breit ist, steht ein quadratisches Haus mit einer Seitenlänge von 9 m.

▶ Berechne die Fläche des Gartens.

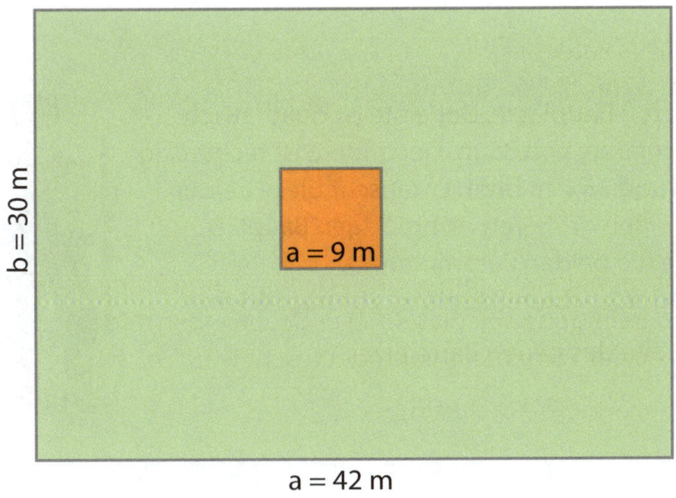

71 Eine rechteckige Rasenfläche, die 115 m lang und 87 m breit ist, soll als Sportplatz verwendet werden. Von dieser Fläche soll ringsherum ein 3 m breiter Streifen für die Zuschauer abgetrennt werden.

- Wie groß ist die **eigentliche** Fläche des **Spielfeldes**?
- **Zeichne** eine **Skizze** dazu.

72 Berechne die Länge der fehlenden Seiten x.
Der Umfang u ist angegeben.

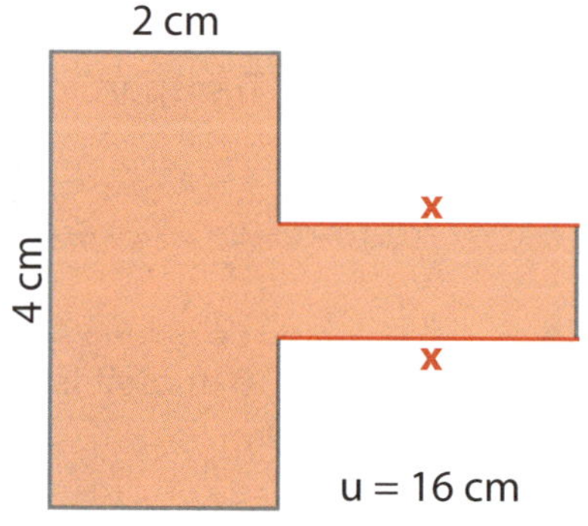

73 Ein Landwirt besitzt 2 Bauplätze. Der erste ist quadratisch und hat eine Seitenlänge von 35 m. Der andere ist rechteckig und ist 50 m lang und 36,7 m breit. Er tauscht diese beiden Bauplätze gegen einen größeren rechteckigen Bauplatz, der so groß ist wie die beiden zusammen.
Die Länge des eingetauschten Bauplatzes beträgt 68 m.

- Berechne die Breite des neuen Bauplatzes.

74 Berechne die Rasenfläche.

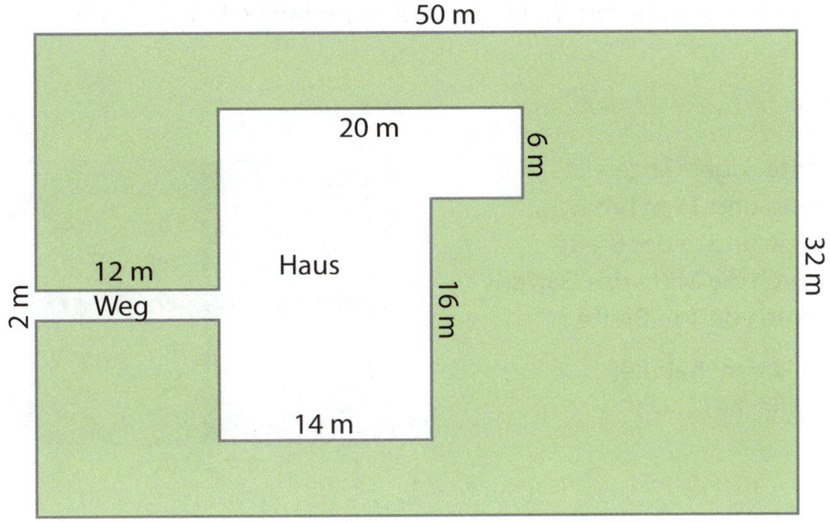

75 Eine quadratische Terrasse, die eine Seitenlänge von 2,70 m hat, soll mit quadratischen Platten, deren Seitenlänge 30 cm beträgt, belegt werden. 1 m^2 Bodenplatten kostet 40 €.

- Wie viele Platten werden gebraucht?
- Wie teuer sind die Platten?

76 Auf einem rechteckigen Grundstück steht ein Haus. Das Haus ist 8 m breit und doppelt so lang.

- Wie groß ist das ganze Grundstück, wenn das Haus von einem 10 m breiten Grünstreifen umgeben ist?

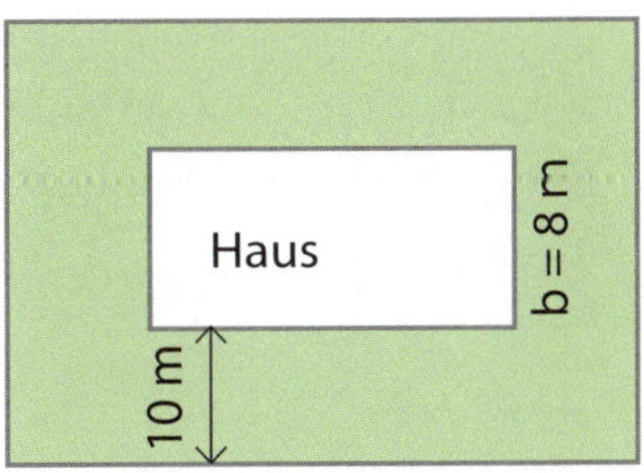

77 Welchen Umfang hat ein 32 dm langes Rechteck, das denselben Flächeninhalt hat wie ein Quadrat mit dem Umfang 64 dm?

78 Ein rechteckiger Garten ist 19 m lang und 15 m breit. In der Länge und in der Breite geht durch die Mitte des Gartens je ein Weg von 1 m Breite.

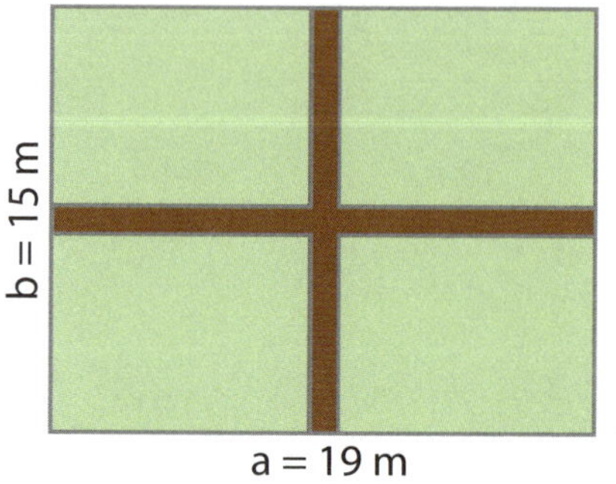

- Wie viele m^2 hat die Rasenfläche?

79 Ein rechteckiger Spiegel ist 70 cm hoch und 55 cm breit. Er ist von einem 6 cm breiten Alurahmen umgeben.

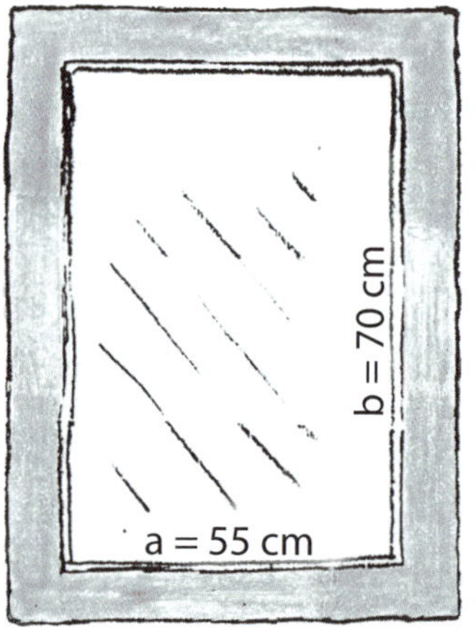

- Wie groß ist die Fläche des Alurahmens?

Prüfungsaufgaben

80 Um ein quadratisches Schwimmbecken, dessen Seitenlänge 14 m beträgt, soll ein 1,5 m breiter Weg mit Platten belegt werden.

▶ Berechne die Kosten des Weges, wenn 1 m^2 30 € kostet.

81 Ein Zimmer ist 6 m lang, 5 m breit und 3 m hoch. Die 4 Wände und die Decke sollen gelb gestrichen werden. Für Türe und Fenster muss man 4 m^2 abrechnen.

▶ Wie groß ist die Fläche, die gestrichen werden soll?

82 Von einer rechteckigen Rasenfläche, die 106 m lang und 87 m breit ist, soll ringsherum ein 3 m breiter Streifen abgetrennt und als Weg angelegt werden.

▶ Wie groß ist die Fläche des verbleibenden Rasens?

83 Das Wohnzimmer wird neu gestrichen. Die Farbe für 1 m^2 kostet 75 Cent.

▸ Wie teuer wird es, Wände und Decke des 5,50 m langen, 4,20 m breiten und 2,50 m hohen Zimmers zu streichen, wenn das Zimmer zwei 2 m breite, 1,20 m hohe Fenster sowie eine 1 m breite, 2 m hohe Tür hat?

Tipp: Berechne zuerst die **Gesamtfläche**.

84 Berechne den Umfang folgender Figur.

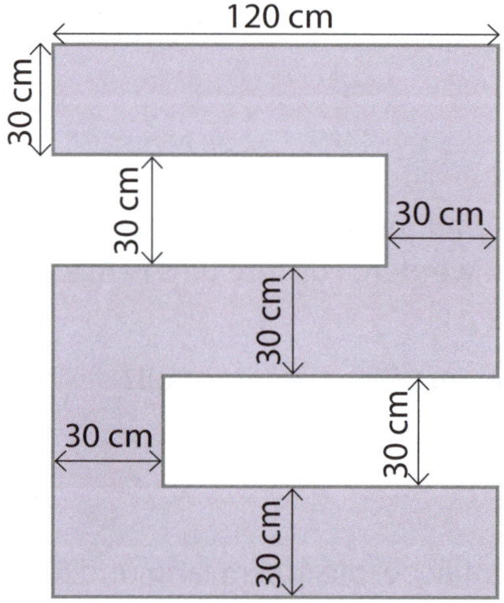

Wenn du **keine** oder **eine** Aufgabe der Prüfungsaufgaben **falsch** hast, dann hast du gut gearbeitet und kannst nach einer längeren Pause zum Abschlusstest weitergehen. Wenn du **zwei** oder **mehr** Aufgaben **falsch** hast, dann wiederhole dieses Kapitel ab Aufgabe **59**.

4. Kapitel: Abschlusstest

1. Kapitel

85 Ein rechteckiger Bauplatz hat einen Umfang von 110 m.
Die Länge ist 30 m.

▶ Berechne die Breite.

86 Ein quadratisches Zimmer, das eine Seitenlänge von 5 m hat, wird mit Teppichboden belegt. 1 m^2 Teppichboden kostet 40 €.

▶ Berechne die Kosten.

87 Die beiden Freunde Lea und Jan überlegen, wie groß die Fläche des Fußballtors ist, die Jan zu schützen hat. Außerdem wollen sie wissen, wie groß die Fläche eines Hockey- und eines Eishockeytors ist.

▶ Berechne die Fläche des Fußballtors, das Jan zu schützen hat.

▶ Welcher Torwart hat die kleinste Fläche zu schützen?

Länge und Breite der Tore sind in folgender Tabelle angegeben:

Fußball:	7,32 m breit	und 2,44 m hoch;
Hockey:	3,66 m breit	und 2,14 m hoch;
Eishockey:	1,83 m breit	und 1,22 m hoch.

88 Ein 4,20 m breites, 4,85 m langes Zimmer mit zwei 1 m breiten Türen erhält neue Sockelleisten.

▸ Reichen 16 m?

89 Ein Quadrat mit der Seitenlänge 3,60 m hat denselben Umfang wie ein 3,90 m langes Rechteck.

▸ Wie breit ist das Rechteck?

90 Rechne aus, was in den Tabellen **fehlt**.

Rechteck

Länge		80 cm	
Breite	45 km		
Fläche		64 cm²	12 m²
Umfang	114 km		14 m

Quadrat

Seite	11,1 m		
Fläche		144 dm²	
Umfang			160 mm

91 Ein DIN-A4-Blatt Papier ist 297 mm lang und 210 mm breit.

▸ Welchen Flächeninhalt hat ein DIN-A5-Blatt, also ein halb so großes Papier?

2. Kapitel

92 Ein rechteckiger Bauplatz, der 20 m breit ist, wurde für 96 000 € verkauft. 1 m^2 kostete 150 €.

▶ Berechne die Länge des Bauplatzes.

93 Wegen des Baus eines neuen Radwegs wird von einer rechteckigen Wiese, die 85 m lang und 53 m breit ist, an zwei nicht gegenüberliegenden Seiten je ein 2 m breiter Streifen abgeschnitten. Für jeden m^2 werden 36,50 € an den Eigentümer bezahlt.

▶ Wie hoch ist die gesamte Entschädigung?

▶ Fertige eine Skizze an.

94 Um ein 17 m langes, 21 m breites Haus soll 5 m von der Hauswand entfernt ein Sicherheitszaun angelegt werden.

▶ Wie lang wird der Zaun?

95 Berechne die Fläche dieser Figur.

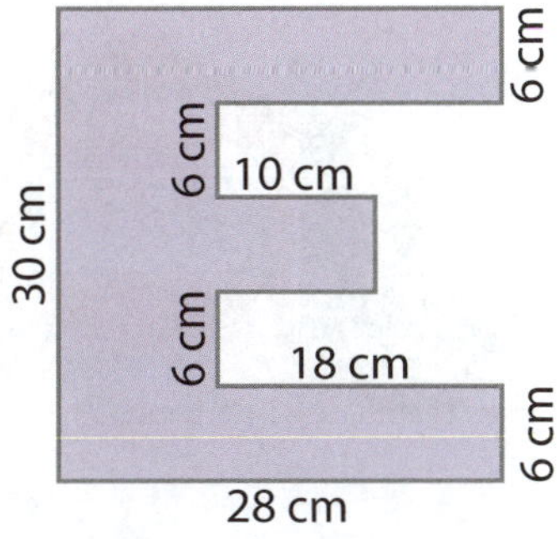

3. Kapitel

96 Eine 90 m breite, rechteckige Wiese hat die Fläche 1 ha 44 a.

- Wie lang ist die Wiese?
- Wegen des Baus eines Freizeitparks muss der Eigentümer die Wiese abgeben. Er bekommt dafür an einer anderen Stelle eine quadratische Wiese mit demselben Flächeninhalt.
  Welche Seitenlänge hat diese?
- Wie viele m Zaun bleiben übrig, wenn er von der alten Wiese abgebaut und um die neue gezogen wird?

97 Komm, wir basteln einen Würfel!
Die Kantenlänge soll 14 cm sein.

- Wie viele dm^2 beziehungsweise cm^2 Pappe benötigen wir?

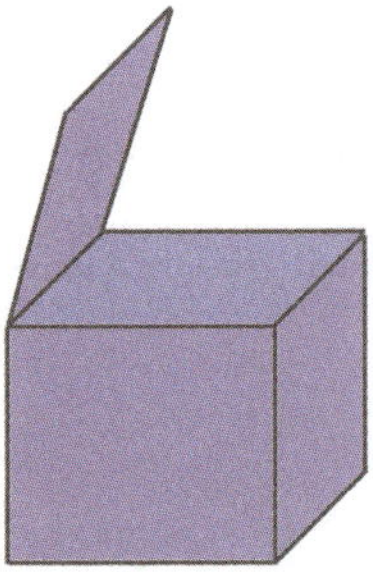

98 Welchen Flächeninhalt hat ein Quadrat, das denselben Umfang hat wie ein 19 dm langes Rechteck mit dem Flächeninhalt 285 dm^2 ?

99 Eine rechteckige Garageneinfahrt, die 5 m lang und 2,40 m breit ist, wird mit quadratischen Platten, deren Seitenlänge 20 cm beträgt, plattiert.

- Wie viele Platten werden gebraucht?

100 Um eine 48 m lange, 35 m breite rechteckige Rasenfläche soll ein 1,50 m breiter Weg ausgebessert werden. Die Kosten für 1 m^2 betragen 35,50 €.

▸ Wie hoch sind die Kosten für die Ausbesserungsarbeiten?

101 Berechne die Längen der fehlenden Seiten x.
Der Umfang u ist angegeben.

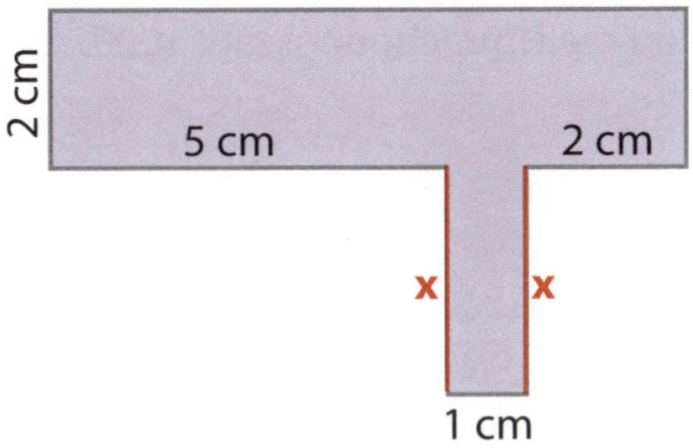

u = 26 cm

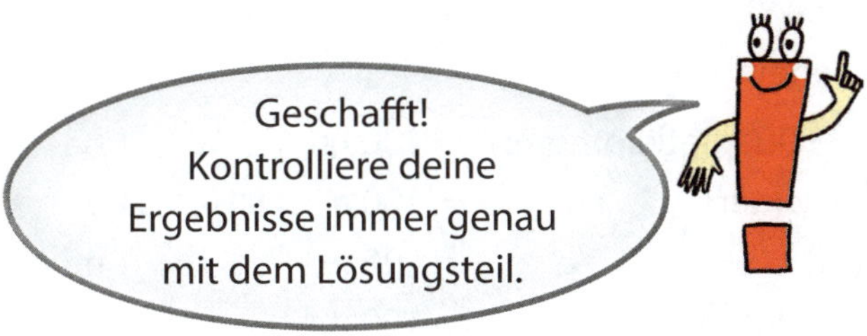

Längenmaße

Längeneinheiten:

1 km (Kilometer)	= 1000 m	$\longleftrightarrow$	1 m	= 0,001 km
1 m (Meter)	= 10 dm	$\longleftrightarrow$	1 dm	= 0,1 m
1 dm (Dezimeter)	= 10 cm	$\longleftrightarrow$	1 cm	= 0,1 dm
1 cm (Zentimeter)	= 10 mm	$\longleftrightarrow$	1 mm	= 0,1 cm

Die Umrechnungszahl bei Längeneinheiten ist die Zahl 10 mit einer Ausnahme: Von m zu km brauchst du die Umrechnungszahl 1000.

Flächenmaße

Die Größe einer Fläche wird wie die Länge einer Strecke mit einer **Maßzahl** und einer **Maßeinheit** beschrieben.

Maßzahl ⟶ **37 cm²** ⟵ **Maßeinheit**

Flächeneinheiten:

1 km² (Quadratkilometer)	= 100 ha	$\longleftrightarrow$	1 ha	= 0,01 km²
1 ha (Hektar)	= 100 a	$\longleftrightarrow$	1 a	= 0,01 ha
1 a (Ar)	= 100 m²	$\longleftrightarrow$	1 m²	= 0,01 a
1 m² (Quadratmeter)	= 100 dm²	$\longleftrightarrow$	1 dm²	= 0,01 m²
1 dm² (Quadratdezimeter)	= 100 cm²	$\longleftrightarrow$	1 cm²	= 0,01 dm²
1 cm² (Quadratzentimeter)	= 100 mm²	$\longleftrightarrow$	1 mm²	= 0,01 cm²
1 mm² (Quadratmillimeter)	= 1 mm²			

1 cm² steht für eine quadratische Fläche mit einer Seitenlänge von 1 cm. Die Fläche entspricht einer Fläche von 100 mm² (Quadratmillimeter).

1 cm² = 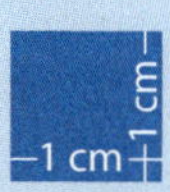

= 100 mm² = 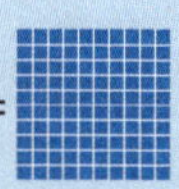

Flächeneinheiten umwandeln

Wird die **Einheit größer**, so wird die **Zahl kleiner**;
wird die **Einheit kleiner**, so wird die **Zahl größer**.
Um eine Flächeneinheit in eine benachbarte umrechnen zu können, brauchst du die **Umrechnungszahl 100**, das bedeutet, die Zahl verändert sich von einer zur nächsten Einheit jeweils um **2 Stellen**.

44500 mm^2 = **445,00 cm^2** (**Komma nach links**)
= **4,4500 dm^2** (**Komma nach links**)
= **0,044500 m^2** (**Komma nach links**)

0,003 a = **0,3 m^2** (**Komma nach rechts**)
= **30 dm^2** (**Nullen ergänzen**)
= **3000 cm^2** (**Nullen ergänzen**)

Fläche und Umfang: Rechteck

Den Flächeninhalt A eines Rechtecks mit den Seitenlängen a und b berechnet man, indem man die beiden Seitenlängen miteinander multipliziert: $A = a \cdot b$

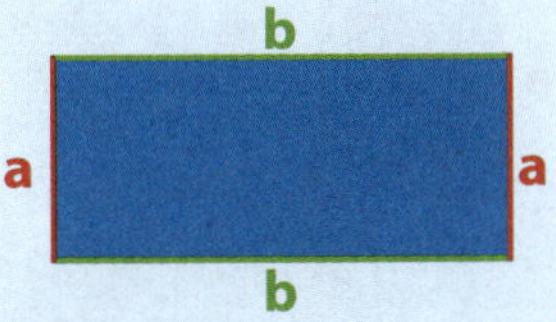

Den Umfang u eines Rechtecks mit den Seitenlängen a und b berechnet man, indem man alle Seitenlängen addiert:
$u = a + b + a + b = 2 \cdot a + 2 \cdot b$

Fläche und Umfang: Quadrat

Ein Quadrat ist ein besonderes Rechteck. Alle 4 Seiten sind gleich lang.

So gilt: $A = a \cdot a$ oder: $A = a^2$
$u = a + a + a + a$ oder: $u = 4 \cdot a$

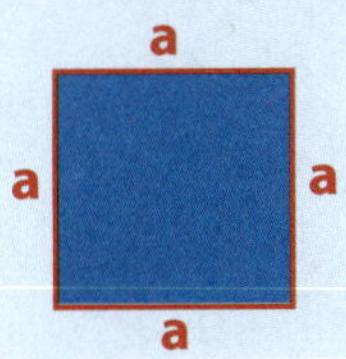

Oberfläche von Quader und Würfel

Die Oberfläche eines Quaders ist gleich den Flächen des Quadernetzes. Du kannst sie also berechnen, indem du alle sechs Außenflächen des Quaders addierst.

Oberfläche O_Q eines Quaders:

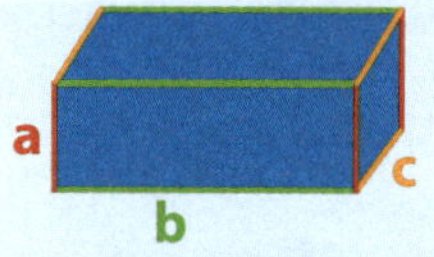

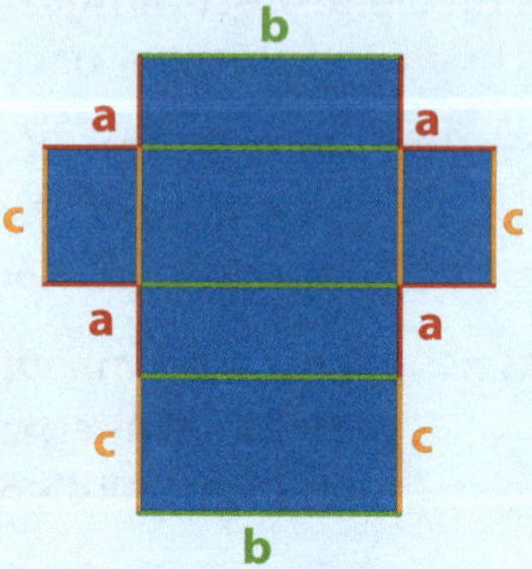

$O_Q = 2 \cdot a \cdot b + 2 \cdot b \cdot c + 2 \cdot a \cdot c$

Oberfläche O_W eines Würfels:

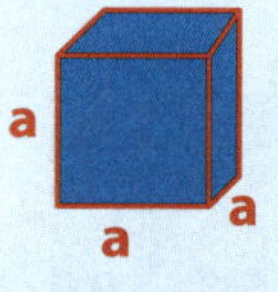

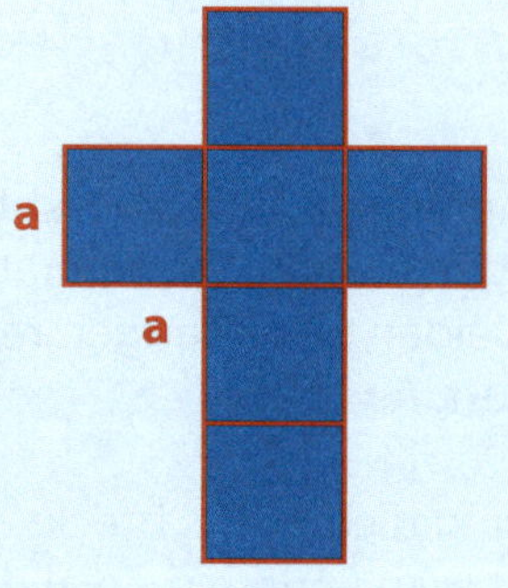

$A_Q = 6 \cdot a \cdot a$